21世纪高等学校计算机教育实用规划教材

大学计算机基础实践

戚海英 李 瑞 编著

清华大学出版社
北京

内 容 简 介

本书为计算机基础教材的配套教材,主要是供学生在学习计算机基础时上机操作的时候使用,本书主要针对百科园考试系统的考试习题上机练习使用,通过对本书的学习,不但可以使学生较全面地了解计算机通识性基础知识,学会计算机的基本操作,掌握应用计算机解决问题的基本方法,也为学生学习程序设计等后继课程打下必要的基础。本书实践练习部分的题目(题号)来自于教学题库。本书可以作为高等院校计算机专业本科、专科低年级学生学习计算机基础的入门上机教材,特别是有百科园考试系统的院校更适合,上机试题库里面的习题也有参考国家计算机等级考试多年试卷的习题,是很多高校目前使用百科园考试系统学习使用的很好教材,还可以作为科技人员自学参考书。

图书在版编目(CIP)数据

大学计算机基础实践/戚海英,李瑞编著.—北京:清华大学出版社,2020.9
21世纪高等学校计算机教育实用规划教材
ISBN 978-7-302-56245-0

Ⅰ.①大… Ⅱ.①戚… ②李… Ⅲ.①电子计算机-高等学校-教材 Ⅳ.①TP3

中国版本图书馆 CIP 数据核字(2020)第 151700 号

责任编辑:贾　斌
封面设计:常雪影
责任校对:胡伟民
责任印制:刘海龙

出版发行:清华大学出版社
　　　　网　　　址:http://www.tup.com.cn,http://www.wqbook.com
　　　　地　　　址:北京清华大学学研大厦 A 座　　　　邮　　编:100084
　　　　社 总 机:010-62770175　　　　　　　　　　　　邮　　购:010-83470235
　　　　投稿与读者服务:010-62776969,c-service@tup.tsinghua.edu.cn
　　　　质量反馈:010-62772015,zhiliang@tup.tsinghua.edu.cn
　　　　课件下载:http://www.tup.com.cn,010-83470236
印 装 者:北京国马印刷厂
经　　销:全国新华书店
开　　本:185mm×260mm　　印　张:12　　　　字　　数:305 千字
版　　次:2020 年 9 月第 1 版　　　　　　　印　　次:2020 年 9 月第 1 次印刷
印　　数:1～2500
定　　价:39.00 元

产品编号:087805-01

前　言

　　《大学计算机基础实践》上机辅导教材是计算机基础课程的上机配套使用教材,而计算机基础是大学新生入校的第一门计算机课程,也是大学各专业学生必修的公共基础课程,是学习其他计算机相关技术课程的基础课。

　　本书按照21世纪高等学校非计算机专业大学生培养目标和教育部高等学校非计算机专业计算机基础课程教学指导委员会提出的最新教学要求和大纲的精神,根据当前学生的实际情况,参照多年的教学实践内容以及百科园考试系统的内容,升级了Office等版本,结合了一线教师教学的实际经验编写而成。为了紧跟科技发展,与时代发展同步,在编写过程中,我们及时吸纳了当今计算机学科发展中最新出现的技术成果,保证了教材内容“新”的特点。特别吸纳了计算机等级考试试卷里面的习题内容,对于目前全国很多高校使用的百科园上机考试系统中的试题,做了详尽的解析和系统介绍,希望对学生上机学习能起到重要的作用。

　　全书内容分为四部分内容,主要安排如下:

　　第一部分为选择题解析,包括第1章“计算机基础知识”、第2章“信息编码及计算机病毒”、第3章“操作系统及Windows”、第4章“Internet及网络基础”。

　　第二部分为上机实践指导,包括第1章“Windows 7实践指导”、第2章“Word 2010实践指导”、第3章“Excel 2010实践指导”、第4章“PowerPoint 2010实践指导”。

　　第三部分为习题及参考答案,第四部分为上机考试模拟试卷,可以使学生巩固学习该课程获得的知识。

　　通过本书的学习,不但可以较全面地了解计算机通识性基础知识,学会计算机的基本操作,掌握应用计算机解决问题的基本方法,也为学习程序设计等后继课程打下必要的基础。

　　本书内容丰富、图文并茂、语言流畅、通俗易懂、可操作性强,既有对基本理论及使用方法的透彻讲解,又注重实例与技巧的融会贯通。本书可作为高等学校各专业大学计算机基础课程上机辅导的教材,特别是对有百科园软件考试系统的高校学生,更具有针对性;也可以作为各类计算机培训班和成人同类课程的教材,或作为计算机爱好者学习计算机技术的参考用书。为了方便读者学习和掌握计算机基础知识内容,检验学习效果并加深对各章内容的理解和掌握,本书在第三部分又给出了相应的习题,并提供了习题的参考答案。

　　本书的第一部分和第三部分由大连交通大学的李瑞编写,第二部分由大连交通大学的戚海英编写，全书由戚海英统稿。同时也对为编写此书付出劳动的徐克圣、张一帆、汪洋、孙俊、朱鹤祥、刘俊珽、李睿、孙鹏和张磊表示感谢！

　　由于编者水平所限，加之计算机技术发展迅速，本书的覆盖面广，书中不妥之处在所难免，恳请读者批评指正，先在此表达我们的谢意！

编　者

2019 年 12 月

目　录

选择题解析

第1章　计算机基础知识

1. 按电子计算机传统的分代方法,第一代至第四代计算机依次是_____。
　　A. 电子管计算机,晶体管计算机,小、中规模集成电路计算机,大规模和超大规模集成电路计算机
　　B. 手摇机械计算机,电动机械计算机,电子管计算机,晶体管计算机
　　C. 晶体管计算机,集成电路计算机,大规模集成电路计算机,光器件计算机
　　D. 机械计算机,电子管计算机,晶体管计算机,集成电路计算机

　　答案:A

　　【解析】:计算机于 1946 年问世以来在短短的半个多世纪里经过了四个重要的历史阶段:第一代是电子管计算机(1945—1956 年),它的特点是采用电子管作为原件。第二代是晶体管计算机(1956—1963 年),晶体管代替了体积庞大的电子管,电子设备的体积不断减小。第三代是集成电路计算机(1964—1971 年),这里指的集成电路是中小规模集成电路。第四代是大规模集成电路计算机(1971—现在),其显著特点是大规模集成电路和超大规模集成电路的运用。

2. 1946 年首台电子数字计算机 ENIAC 问世后,冯·诺伊曼(John von Neumann)提出两个重要的改进,它们是_____。
　　A. 采用二进制和存储程序控制的概念　　B. 引入 CPU 和内存储器的概念
　　C. 采用机器语言和十六进制　　　　　　D. 采用 ASCII 编码系统

　　答案:A

　　【解析】:冯·诺依曼是美籍匈牙利数学家,他在 1946 年提出了关于计算机组成和工作方式的基本设想。冯·诺依曼对首台计算机提出了两个重要的改进:一是计算机内部应采用二进制来表示指令和数据;二是将编写好的程序送入内存储器中,然后启动计算机工作,计算机无须操作人员干预,能自动逐条取出指令和执行指令。

3. 目前微机中所广泛采用的电子元器件是_____。
　　A. 电子管　　　　　　　　　　　　B. 小规模集成电路
　　C. 大规模和超大规模集成电路　　　　D. 晶体管

　　答案. C

　　【解析】:大规模集成电路的采用,使得计算机向微型化发展。利用高性能的超大规模集成电路研制质量更加可靠、性能更加优良、价格更加低廉、整机更加小巧的微型计算机。

4. 计算机最主要的工作特点是_____。

  A. 有记忆能力   B. 高速度与高精度

  C. 存储程序与自动控制   D. 可靠性与可用性

答案： C

【解析】： 计算机中有许多存储单元，用以记忆信息。内部记忆能力是电子计算机和其他计算工具的一个重要区别。可以将指令事先输入到计算机存储起来，在计算机开始工作以后，从存储单元中依次去取指令，用来控制计算机的操作，从而使人们可以不必干预计算机的工作，实现操作的自动化。

5. 计算机最早的应用领域是_____。

  A. 过程控制   B. 数值计算

  C. 人工智能   D. 信息处理

答案： B

【解析】： 科学计算是指利用计算机来完成科学研究和工程技术中提出的数学问题的计算。在现代科学技术工作中，科学计算问题是大量的和复杂的。利用计算机的高速计算、大存储容量和连续运算的能力，可以实现人工无法解决的各种科学计算问题。时至今日，数值计算仍然是计算机应用的一个重要领域。

6. 计算机的主要特点是_____。

  A. 速度快、存储容量大、性能价格比低

  B. 速度快、存储容量大、可靠性高

  C. 速度快、性能价格比低、程序控制

  D. 性能价格比低、功能全、体积小

答案： B

【解析】： 计算机的特点有：快速的运算能力、足够高的计算精度、超强的记忆能力、复杂的逻辑判断能力、按程序自动工作的能力。

7. 在计算机内部用来传送、存储、加工处理的数据或指令都是以_____形式进行的。

  A. 十六进制码   B. 八进制码

  C. 二进制码   D. 十进制码

答案： C

【解析】： 存储程序和程序控制原理是计算机的基本工作原理。程序是指为解决一个信息处理任务而预先编制的工作执行方案。采用二进制形式表示数据和指令。

8. 计算机的硬件系统主要包括：运算器、存储器、输入设备、输出设备和_____。

  A. 打印机 B. 磁盘驱动器 C. 显示器 D. 控制器

答案： D

【解析】： 计算机的硬件由输入设备、输出设备、运算器、存储器和控制器五部分组成。通常把输入设备和输出设备合称为 I/O 设备；把控制器与运算器合称为中央处理器 (CPU)，它是计算机的核心；存储器可分为内存储器和外存储器。

9. 微型机运算器的主要功能是进行_____。

  A. 加法运算   B. 算术运算

  C. 算术和逻辑运算   D. 逻辑运算

答案：C

【解析】：运算器又称为算术逻辑单元（ALU）。它是计算机对数据进行加工处理的部件，包括算术运算（加、减、乘、除等）和逻辑运算（与、或、非、异或比较等）。

10. 用来控制、指挥和协调计算机各部件工作的是_____。

  A. 存储器   B. 运算器   C. 鼠标器   D. 控制器

答案：D

【解析】：控制器负责从存储器中取出指令，对指令进行译码，并根据指令的要求，按时间的先后顺序向各部件发出控制信号，保证各部件协调一致地工作，一步一步地完成各种操作。控制器主要由指令寄存器、译码器、程序计数器和操作控制器等组成。控制器用来控制、指挥和协调计算机各部件工作。

11. 影响一台计算机性能的关键部件是_____。

  A. 显示器   B. 硬盘   C. CPU   D. CD-ROM

答案：C

【解析】：中央处理器（CPU）由控制器和运算器两部分组成，它是整台计算机的核心部件。它主要由控制器和运算器组成，是采用大规模集成电路工艺制成的芯片，又称为微处理器芯片。

12. 字长是 CPU 的主要性能指标之一，它表示_____。

  A. 最大的有效数字位数

  B. CPU 一次能处理二进制数据的位数

  C. 最长的十进制整数的位数

  D. 计算结果的有效数字长度

答案：B

【解析】：计算机在同一时间内处理的一组二进制数称为一个计算机的字，而这组二进制数的位数就是字长。在其他指标相同时，字长越大计算机处理数据的速度就越快。早期的微型计算机的字长一般是 8 位和 16 位。586（Pentium、Pentium Pro、Pentium Ⅱ、Pentium Ⅲ、Pentium 4）大多是 32 位，有些微机已达到 64 位。

13. 32 位微机是指它所用的 CPU 是_____。

  A. 一次能处理 32 位二进制数   B. 只能处理 32 位二进制定点数

  C. 有 32 个寄存器   D. 能处理 32 位十进制数

答案：A

【解析】：同上题。

14. 用 MHz 来衡量计算机的性能，它指的是_____。

  A. CPU 的时钟主频   B. 存储器容量

  C. 运算速度   D. 字长

答案：A

【解析】：主频也叫时钟频率，单位是 Hz，用来表示 CPU 的运算速度。它在很大程度上决定了计算机的运行速度，一般来说，主频越高，运算速度就越快。

15. 在微机的配置中常看到"P42.4G"字样，其中数字"2.4G"表示_____。

  A. 处理器与内存间的数据交换速率

B. 处理器是 Pentium4 第 2.4

C. 处理器的时钟频率是 2.4GHz

D. 处理器的运算速度是 2.4

答案：C

【解析】：同上题。

16. 度量计算机运算速度常用的单位是_____。

    A. MIPS   B. Mbps   C. MB   D. MHz

答案：A

【解析】：运算速度是指计算机每秒钟所能执行的指令条数,主要用以衡量计算机运算的快慢程度,用 MPIS(Million Instruction Per Second)作为计量单位,即每秒执行百万条指令的数量；有时也用 CPI,即执行一条指令所需的时钟周期数。传输速率是指集线器的数据交换能力,也叫带宽,单位是 Mbps(兆位/秒)。内存容量一般应以 MB 为单位。主频是指 CPU 的时钟频率,它的高低在一定程度上决定了计算机运行速度的高低,主频以兆赫兹(MHz)为单位,一般说,主频越高,计算机运行速度越快。

17. 能直接与 CPU 交换信息的存储器是_____。

    A. 软盘存储器   B. CD-ROM   C. 硬盘存储器   D. 内存储器

答案：D

【解析】：内存储器是 CPU 根据地址线直接寻址的存储空间,由半导体器件制成。外部存储器不能与 CPU 直接交换数据。软盘、光盘、硬盘都是外部存储器。

18. 存储计算机当前正在执行的应用程序和相应的数据的存储器是_____。

    A. CD-ROM   B. RAM   C. 硬盘   D. ROM

答案：B

【解析】：随机存储器(Random Access Memory,RAM),在计算机工作时,既可从中读出信息,也可随时写入信息。RAM 通常负责计算机中主要的存储任务,如当前正在执行的应用程序和相应的数据等动态信息的存储,如果掉电则 RAM 信息将丢失。

19. 存储在 ROM 中的数据,当计算机断电后_____。

    A. 完全丢失   B. 不会丢失   C. 可能丢失   D. 部分丢失

答案：B

【解析】：只读存储器(Red Only Memory,ROM),不管计算机处于开机还是关机状态,ROM 始终保留其内部内容。大多数个人计算机的 ROM 较小,主要用于存储一些关键性程序,如用来启动计算机的程序。

20. 静态 RAM 的特点是_____。

A. 在静态 RAM 中的信息断电后也不会丢失

B. 在不断电的条件下,信息在静态 RAM 中不能永久无条件保持,必须定期刷新才不致丢失信息

C. 在静态 RAM 中的信息只能读不能写

D. 在不断电的条件下,信息在静态 RAM 中保持不变,故而不必定期刷新就能永久保存信息

答案：D

【解析】：RAM 的通用格式包括：SRAM（静态 RAM）和 DRAM（动态 RAM）。静态 RAM 是靠双稳态触发器来记忆信息的；动态 RAM 是靠 MOS 电路中的栅极电容来记忆信息的。由于电容上的电荷会泄漏，需要定时给予补充，所以动态 RAM 需要设置刷新电路。但动态 RAM 比静态 RAM 集成度高、功耗低，从而成本也低，适于用作大容量存储器。所以主内存通常采用动态 RAM，而高速缓冲存储器（Cache）则使用静态 RAM。

21. 配置高速缓冲存储器（Cache）是为了解决_____。

    A. 主机与外设之间速度不匹配问题

    B. 内存与辅助存储器之间速度不匹配问题

    C. CPU 与内存储器之间速度不匹配问题

    D. CPU 与辅助存储器之间速度不匹配问题

答案：C

【解析】：高速缓冲存储器（Cache）是存在于主存与 CPU 之间的一级存储器，由静态存储芯片（SRAM）组成，容量比较小但速度比主存高得多，接近于 CPU 的速度。

22. 下列各存储器中，存取速度最快的一种是_____。

    A. CD-ROM   B. 动态 RAM［DRAM］

    C. Cache   D. 硬盘

答案：C

【解析】：同上题。

23. 在计算机硬件技术指标中，度量存储器空间大小的基本单位是_____。

    A. 字节（Byte）   B. 二进位（bit）

    C. 字（Word）   D. 半字

答案：A

【解析】：计算机中数据的常用存储单位有位、字节和字。计算机中最小的数据单位是二进制的一个数位，简称为位（bit）。8 位二进制数为一个字节（Byte），字节是计算机中用来表示存储空间大小的基本的容量单位。计算机数据处理时，一次存取、加工和传送的数据长度称为字，字是计算机进行数据存储和数据处理的运算单位。

24. 下列度量单位中，用来度量计算机内存空间大小的是_____。

    A. MB/s   B. GHz   C. MB   D. MIPS

答案：C

【解析】：计算机内存的存储器容量，磁盘的存储容量等都是以字节为单位表示的。除用字节为单位表示存储容量外，还可以用 KB、MB 以及 GB 等表示存储容量。它们之间的换算关系如下：$1B = 8bit$；$1KB = 2^{10}B = 1024B$；$1MB = 2^{20}B = 1024KB = 1024 \times 1024B$；$1GB = 2^{30}B = 1024MB = 1024 \times 1024 \times 1024B$。

25. 1MB 的准确数量是_____。

    A. 1024×1024 Byte   B. 1024×1024 Word

    C. 1000×1000 Byte   D. 1000×1000 Word

答案：A

【解析】：同上题。

26. 计算机系统由_____两大部分组成。

    A. 输入设备和输出设备   B. 硬件系统和软件系统

    C. 主机和外部设备   D. 系统软件和应用软件

答案：B

【解析】：计算机系统由硬件系统和软件系统组成。硬件系统是指构成计算机的电子线路、电子元器件和机械装置等物理设备，看得见，摸得着，是一些实实在在的有形实体。软件系统是指程序及有关程序的技术文档资料。

27. 计算机指令由两部分组成，它们是_____。

    A. 操作码和操作数   B. 运算符和运算数

    C. 数据和字符   D. 操作数和结果

答案：A

【解析】：计算机内部采用二进制来表示指令和数据，每条指令一般具有一个操作码和一个地址码。其中操作码表示运算性质，地址码指出操作数在存储器中的地址。

28. 磁盘上的磁道是_____。

    A. 一组记录密度相同的同心圆

    B. 二条阿基米德螺旋线

    C. 一条阿基米德螺旋线

    D. 一组记录密度不同的同心圆

答案：D

【解析】：磁盘上的磁道是一组记录密度不同的同心圆，每个磁道半径不同，但有相同的扇区数。

29. 下列说法中，正确的是_____。

    A. 软盘驱动器是唯一的外部存储设备

    B. 优盘的容量远大于硬盘的容量

    C. 软盘片的容量远远小于硬盘的容量

    D. 硬盘的存取速度比软盘的存取速度慢

答案：C

【解析】：常见的外部存储设备有硬盘、软盘、优盘、光盘等。软盘驱动器是用来读写软盘片而使用的。和硬盘不同的是，软盘片和软盘驱动器是相互独立分离的，因而它的读写速度较慢。一般软盘片的容量为3.5英寸的1.44MB盘片，容量远远小于硬盘的容量。

30. 目前，在市场上销售的微型计算机中，标准配置的输入设备是_____。

    A. 鼠标器＋键盘   B. 键盘＋扫描仪

    C. 键盘＋CD-ROM 驱动器   D. 显示器＋键盘

答案：A

【解析】：常见的输入设备有键盘、鼠标器、扫描仪、光电输入机、磁带机、磁盘机、光盘机等。标准配置的输入设备是键盘和鼠标器。

31. 在计算机中，条码阅读器属于_____。

    A. 计算设备   B. 输入设备   C. 存储设备   D. 输出设备

答案：B

【解析】：条码阅读器是用来读取物品上条码信息的设备，它是利用光电原理将条码信息转换为计算机可接受的信息的输入设备。常用于图书馆、医院、书店以及超级市场，作为快速登记或结算的一种输入手段，对商品外包装上或印刷品上的条码信息直接阅读，并输入到联机系统中。

32. 下列设备组中，完全属于输出设备的一组是_____。

    A. 打印机，绘图仪，显示器　　　　　　B. 喷墨打印机，显示器，键盘

    C. 键盘，鼠标器，扫描仪　　　　　　　D. 激光打印机，键盘，鼠标

答案：A

【解析】：输出设备用于把计算机的中间结果或最后结果、机内的各种数据符号及文字或各种控制信号等信息输出出来。常用的输出设备有显示器、打印机、激光印字机、绘图仪。

33. 在计算机中，既可作为输入设备又可作为输出设备的是_____。

    A. 显示器　　　　B. 键盘　　　　C. 打印机　　　　D. 磁盘驱动器

答案：D

【解析】：磁盘驱动器既能将存储在磁盘上的信息读进内存中，又能将内存中的信息写到磁盘上。因此，可以认为它既是输入设备，又是输出设备。

34. 下列选项中，不属于显示器主要技术指标的是_____。

    A. 分辨率　　　　　　　　　　　　　B. 重量

    C. 像素的点距　　　　　　　　　　　D. 显示器的尺寸

答案：B

【解析】：显示器是计算机系统中最基本的输出设备，它的主要参数有分辨率、带宽、尺寸、点距、扫描方式等。

35. 下面关于 USB 的叙述中，错误的是_____。

    A. USB 2.0 的数据传输率大大高于 USB1.1

    B. USB 接口的尺寸比并行接口大得多

    C. USB 具有热插拔与即插即用的功能

    D. 在 Windows XP 系统下，使用 USB 接口连接的外部设备（如移动硬盘、U 盘等）不需要驱动程序

答案：B

【解析】：USB 是一个外部总线标准，用于规范电脑与外部设备的连接和通信。USB 接口支持即插即用和热插拔功能。USB 接口可连接 127 种外设，如鼠标和键盘等。USB 1.1 是较为普遍的 USB 规范，其高速方式的传输速率为 12Mbps，低速方式的传输速率为 1.5Mbps。USB 2.0 规范是由 USB 1.1 规范演变而来的，它的传输速率达到了 480Mbps，折算 MB 为 60MB/s，足以满足大多数外设的速率要求。

36. CD-ROM 光盘_____。

    A. 不能读不能写　　　　　　　　　　B. 能读能写

    C. 只能读不能写　　　　　　　　　　D. 只能写不能读

答案：C

【解析】：CD-RW 光盘可以擦除并多次重写，它可以视作软盘，可以进行文件的复制、删除等操作，方便灵活。

37. DVD-ROM 属于_____。

    A. 大容量可读可写外存储器　　　　　B. 大容量只读外部存储器

    C. CPU 可直接存取的存储器　　　　　D. 只读内存储器

答案：B

【解析】：DVD-ROM(Digital Video Disc-Read Only Memory)，译成中文就是数字视盘。从严格分类角度上讲，这种 DVD 应该叫作 DVD-Video(简称是 DVD)，是一种只读型 DVD 视盘。

38. 下列关于 CD-R 光盘的描述中，错误的是_____。

    A. 只能写入一次，可以反复读出的一次性写入光盘

    B. 可多次擦除型光盘

    C. 用来存储大量用户数据的，一次性写入的光盘

    D. CD-R 是 Compact Disk Recordable 的缩写

答案：B

【解析】：CD-R(Compact Disk Recordable)是一种一次写入、永久读的标准。CD-R 光盘写入数据后，该光盘就不能再刻写了。

39. 目前，打印质量最好的打印机是_____。

    A. 点阵打印机　　　　　　　　　　　B. 激光打印机

    C. 喷墨打印机　　　　　　　　　　　D. 针式打印机

答案：B

【解析】：衡量打印机好坏的指标有三项：打印分辨率、打印速度和噪声。按所采用的技术，分柱形、球形、喷墨式、热敏式、激光式、静电式、磁式、发光二极管式等打印机。针式打印机有低的打印质量和很大的工作噪声；激光打印机印字的质量高、噪声小，可采用普通纸，可印刷字符、图形和图像。

40. 英文缩写 CAI 的中文意思是_____。

    A. 计算机辅助管理　　　　　　　　　B. 计算机辅助设计

    C. 计算机辅助教学　　　　　　　　　D. 计算机辅助制造

答案：C

【解析】：计算机辅助教学(Computer Aided Instruction,CAI)是利用计算机系统使用课件来进行教学。课件可以用著作工具或高级语言来开发制作，它能引导学生循环渐进地学习，使学生轻松自如地从课件中学到所需要的知识。CAI 的主要特色是交互教育、个别指导和因人施教。

41. UPS 是指_____。

    A. 用户处理系统　　　　　　　　　　B. 联合处理系统

    C. 大功率稳压电源　　　　　　　　　D. 不间断电源

答案：D

【解析】：UPS 即不间断电源，是将蓄电池与主机相连接，通过主机逆变器等模块电路将直流电转换成市电的系统设备。主要用于给单台计算机、计算机网络系统或其他电力电子设备如电磁阀、压力变送器等提供稳定、不间断的电力供应。

42. 在计算机中，每个存储单元都有一个连续的编号，此编号称为_____。

    A. 门牌号　　　　B. 位置号　　　　C. 房号　　　　D. 地址

答案：D

【解析】：在计算机中程序、数据都存储在内存中一个或多个存储单元中，每个存储单元由一个字节(8个二进制位)组成，每个存储单元都有编号，该编号就是该存储单元的地址。

43. 办公室自动化（OA）是计算机的一大应用领域，按计算机应用的分类，它属于_____。

  A. 辅助设计   B. 实时控制

  C. 数据处理   D. 科学计算

答案：C

【解析】：数据处理是对各种数据进行收集、存储、整理、分类、统计、加工、利用、传播等一系列活动的统称。据统计，80％以上的计算机主要用于数据处理，这类工作量大面宽，决定了计算机应用的主要方向。

第2章　信息编码及计算机病毒

1. 在计算机中采用二进制，是因为_____。

  A. 下述三个原因   B. 两个状态的系统具有稳定性

  C. 可降低硬件成本   D. 二进制的运算法则简单

答案：A

【解析】：人们习惯于采用十进制计数制，简称十进制。但是计算机内部一律采用二进制表示数及其他数据对象。二进制有两个数字，即0和1，它们使用具有两种稳定状态的电气组件很容易实现。

2. 十进制数56对应的二进制数是_____。

  A. 00111001   B. 00111000

  C. 00111010   D. 00110111

答案：B

【解析】：十进制整数转换成二进制数的运算规则是："除2取余，倒排序"，即"除基取余"法，十进制整数除以2取余数作最低位系数 k_0，再取商继续除以2取余数作高一位的系数，如此继续直到商为0时停止，最后一次的余数就是整数部分最高有效位的二进制系数，依次所得到的余数序列就是转换成的二进制数。

3. 二进制数00111001转换成十进制数是_____。

  A. 58   B. 41   C. 56   D. 57

答案：D

【解析】：二进制数转换为十进制数的运算规则是：把二进制数按位权形式展开多项式和的形式，求其最后的和，就是其对应的十进制数—简称"按权求和"。$(00111001)_2 = 1 \times 2^5 + 1 \times 2^4 + 1 \times 2^3 + 0 \times 2^2 + 0 \times 2^1 + 1 \times 2^0 = 32 + 16 + 8 + 0 + 0 + 1 = 57$。

4. 根据数制的基本概念，下列各进制的整数中，值最小的一个是_____。

  A. 十进制数10   B. 二进制数10

  C. 十六进制数10   D. 八进制数10

答案：B

【解析】：二进制（八进制、十六进制）数转换为十进制数的运算规则是：把二进制（八进制、十六进制）数按位权形式展开多项式和的形式，求其最后的和，就是其对应的十进制数，简称"按权求和"。$(10)_2 = 1 \times 2^1 + 0 \times 2^0 = 2 + 0 = 2$；$(10)_{16} = 1 \times 16^1 + 0 \times 16^0 = 16 + 0 = 16$；$(10)_8 = 1 \times 8^1 + 0 \times 8^0 = 8 + 0 = 8$。

5. 下列叙述中，正确的是_____。

    A. 十进制数 101 的值大于二进制数 1000001

    B. 十进制数 55 的值小于八进制数 66 的值

    C. 二进制的乘法规则比十进制的复杂

    D. 所有十进制小数都能准确地转换为有限位的二进制小数

答案：A

【解析】：$(1000001)_2 = 1 \times 2^6 + 0 \times 2^5 + 0 \times 2^4 + 0 \times 2^3 + 0 \times 2^2 + 0 \times 2^1 + 1 \times 2^0 = 64 + 1 = 65$。$(66)_8 = 6 \times 8^1 + 6 \times 8^0 = 48 + 6 = 54$。十进制小数转换成二进制数，采用"乘 2 取整，顺排序"的方法。基本上都是不精确转换的，存在舍去误差。

6. 一个字长为 7 位的无符号二进制整数能表示的十进制数值范围是_____。

    A. 0～255   B. 0～256   C. 0～127   D. 0～128

答案：C

【解析】：$(01111111)_2 = 1 \times 2^6 + 1 \times 2^5 + 1 \times 2^4 + 1 \times 2^3 + 1 \times 2^2 + + 1 \times 2^1 + 1 \times 2^0 = 127$。

7. 6 位二进制数最大能表示的十进制整数是_____。

    A. 32   B. 64   C. 63   D. 31

答案：C

【解析】：计算原理同上题。

8. 如果删除一个非零无符号二进制偶整数后的 2 个 0，则此数的值为原数_____。

    A. 1/2   B. 4 倍   C. 1/4   D. 2 倍

答案：C

【解析】：在二进制数据中，数据的高位靠左，低位靠右，数据往右移动 1 位就是除以 2；移动 2 位就是除以 4；移动 3 位就是除以 8。

9. 下列两个二进制数进行算术加运算，10000 + 1101 = _____。

    A. 11001   B. 11101   C. 11111   D. 10011

答案：B

【解析】：在二进制数据的加法计算中，低位左对齐，见 2 要进 1。

10. 在数制的转换中，下列叙述中正确的是_____。

    A. 对于同一个整数值的二进制数表示的位数一定大于十进制数字的位数

    B. 对于相同的十进制正整数，随着基数 R 的增大，转换结果的位数大于或等于原数据的位数

    C. 不同数制的数字符是各不相同的，没有一个数字符是一样的

    D. 对于相同的十进制正整数，随着基数 R 的增大，转换结果的位数小于或等于原数据的位数

答案：D

【解析】：任何进位计数制都有三个要素：①数位，它是指数码在一个数中所处的位置。②基数，它是指在某种进位计数制中，每个数位上所能使用的数码的个数，如十进制数的基数为十。③位权，它是指在某种进位计数制中，每个数位上的数码所代表的数值的大小，等于这个数位上的数码乘上一个固定的数值，这个固定的数值就是这种进位计数制中该数位上的权。在计算机领域，常用的进位计数制包括：十进制、二进制、八进制和十六进制。在高级语言的程序设计中可采用十进制，而在计算机的内部采用二进制。

11. 微机中采用的标准 ASCII 编码用_____位二进制数表示一个字符。

    A. 7   B. 6   C. 8   D. 16

答案：A

【解析】：美国标准信息交换码（ASCII 码）是使用最广泛的一种编码。ASCII 码由基本的 ASCII 码和扩充的 ASCII 码组成。在 ASCII 码中，把二进制位最高位为 0 的数字都称为基本的 ASCII 码，其范围是 0～127；把二进制位最高位为 1 的数字都称为扩展的 ASCII 码，其范围是 128～255。其中包括：10 个阿拉伯数字（0～9），26 个大写字母，26 个小写英文字母，以及各种运算符号、标点符号和控制字符等。

12. 下列关于 ASCII 编码的叙述中，正确的是_____。

    A. 标准 ASCII 码表有 256 个不同的字符编码

    B. 所有大写英文字母的 ASCII 码值都大于小写英文字母 'a' 的 ASCII 码值

    C. 一个字符的标准 ASCII 码占一个字节，其最高二进制位总为 1

    D. 所有大写英文字母的 ASCII 码值都小于小写英文字母 'a' 的 ASCII 码值

答案：D

【解析】：标准 ASCII 码表用七位二进制表示一个字符（或用一个字节表示，最高位为"0"）表示 128 个不同的字符。其中在字符的排序中，10 个阿拉伯数字（0～9）靠前，大写字母次之，小写字母靠后，也就是大写英文字母的 ASCII 码值都小于小写英文字母的 ASCII 码值。

13. 在 ASCII 码表中，根据码值由小到大的排列顺序是_____。

    A. 数字符、空格字符、大写英文字母、小写英文字母

    B. 空格字符、数字符、小写英文字母、大写英文字母

    C. 空格字符、数字符、大写英文字母、小写英文字母

    D. 数字符、大写英文字母、小写英文字母、空格字符

答案：C

【解析】：同上题。

14. 已知三个字符为：a、X 和 5，按它们的 ASCII 码值升序排序，结果是_____。

    A. 5,a,X   B. 5,X,a   C. a,5,X   D. X,a,5

答案：B

【解析】：标准 ASCII 码表用七位二进制表示一个字符（或用一个字节表示，最高位为"0"）表示 128 个不同的字符。其中 10 个阿拉伯数字（0～9）的 ASCII 码值是（48～57），大写字母（A～Z）的 ASCII 码值是（65～90），小写字母（a～z）的 ASCII 码值是（97～122），也就是大写英文字母的 ASCII 码值都小于小写英文字母的 ASCII 码值。

15. 在标准 ASCII 码表中，英文字母 a 和 A 的码值的十进制值之差是_____。

    A. 20   B. −20   C. −32   D. 32

答案：D。

【解析】：在标准 ASCII 码表中，任何一个大写英文字母的 ASCII 码值加 32 就是对应的小写英文字母的 ASCII 码值。

16. 已知英文字母 m 的 ASCII 码值为 109，那么英文字母 j 的 ASCII 码值是(   )。
    A. 106   B. 104   C. 105   D. 103

答案：A。

【解析】：在标准 ASCII 码表中，其中 26 个小写英文字母的 ASCII 码值是依次递增 1 的。如 m 的 ASCII 码值为 109，那么 n 的 ASCII 码值为 110，l 的 ASCII 码值为 108。

17. 英文字母"A"的十进制 ASCII 值为 65，则英文字母"Q"的十六进制 ASCII 值为_____。
    A. 81   B. 94   C. 51   D. 73

答案：C。

【解析】：在标准 ASCII 码表中，ASCII 码值是十进制的。其中 26 个大写英文字母的 ASCII 码值是依次递增 1 的。如 A 的 ASCII 码值为 65，那么 Q 的 ASCII 码值为 81，然后把十进制 81 转换为十六进制即可。

18. 已知字符 A 的 ASCII 码是 01000001B，字符 D 的 ASCII 码是_____。
    A. 01000010B   B. 01000100B
    C. 01000111B   D. 01000011B

答案：B。

【解析】：同上题。

19. 已知字符 A 的 ASCII 码是 01000001B，ASCII 码为 01000111B 的字符是_____。
    A. F   B. G   C. D   D. E

答案：B。

【解析】：同上题。

20. 汉字国标码(GB 2312—80)把汉字分成_____等级。
    A. 常用字，次常用字，罕见字三个
    B. 一级汉字，二级汉字，三级汉字共三个
    C. 简化字和繁体字两个
    D. 一级汉字，二级汉字共两个

答案：D。

【解析】：数字编码：用 4 位十进制数字串代表一个汉字，又称国标区位码(国标码)。国标区位码将国家标准局公布的 6763 个两级汉字(一级汉字 3755 个；二级汉字 3008 个)分为 94 个区，每个区分 94 位，也就是一个二维数组，区码和位码各两位十进制数。

21. 区位码输入法的最大优点是_____。
    A. 编码有规律，不易忘记
    B. 只用数码输入，方法简单、容易记忆
    C. 易记易用
    D. 一字一码，无重码

答案：D。

【解析】：区位输入法是利用区位码进行汉字输入的一种方法，区位码是一种无重码、码长为 4 的数字码，只要直接从键盘中输入 4 个由十进制数（0～9）组成的区位码即可输入汉字。在输入过程中，当第四个数字输入后，在编辑屏幕的插入点立即显示出所输入的区位码所代表的汉字。

22. 要存放 10 个 24×24 点阵的汉字字模，需要＿＿＿＿＿＿＿＿存储空间。

    A. 320B   B. 72KB   C. 72B   D. 720B

答案：D

【解析】：8 位二进制位为一个字节，24×24＝576 个二进制位，576÷8＝72 字节。10 个汉字占用 720 个字节。

23. 全拼或简拼汉字输入法的编码属于＿＿＿＿＿＿＿＿。

    A. 区位码   B. 形声码   C. 形码   D. 音码

答案：D

【解析】：汉字的输入码（外码）是为了将汉字通过键盘输入计算机而设计的代码。它分三类：数字编码、拼音编码、字形编码。拼音编码：全拼、双拼、微软拼音等。字形编码：按汉字的形状编码。如：五笔字形、表形码等。

24. 下列编码中，属于正确的汉字内码的是＿＿＿＿＿＿＿＿。

    A. FB67H   B. A3B3H   C. C97DH   D. 5EF6H

答案：B

【解析】：汉字内码是用于汉字信息的存储、交换、检索等操作的机内代码，一般采用两个字节表示。英文字符的机内代码是七位的 ASCII 码，当用一个字节表示时，最高位为 0，为与之相区别，汉字机内代码中两个字节的最高位均为 1。即把汉字输入码（外码）的两个字节的最高位都置成 1。

25. 一个汉字的内码和它的国标码之间的差是＿＿＿＿＿＿＿＿。

    A. 2020H   B. 8080H   C. 4040H   D. A0A0H

答案：B

【解析】：汉字在计算机中常用的编码有输入码、机内码、字形码。

汉字的输入码（外码）是为了将汉字通过键盘输入计算机而设计的代码。它分为数字编码、拼音编码、字形编码。数字编码：用 4 位十进制数字串代表一个汉字，又称国标区位码（国标码）。国标区位码将国家标准局公布的 6763 个两级汉字（一级汉字：3755 个；二级汉字：3008 个）分为 94 个区，每个区分 94 位，也就是一个二维数组，区码和位码各两位十进制数。如"中"字的区位码是 5448，它位于第 54 区 48 位上。

汉字内码（机内码）是供计算机系统内部进行存储、加工处理、传输而统一使用的代码。一个汉字用两个字节即 16 位二进制数表示，将汉字国标码（GB 2312—80）的每个字节的最高位改写成 1，作为汉字机内码。如：

汉字	国标码（GB 2312）	汉字机内码
大	00110100 01110011（B）	10110100 11110011（B）
大	3473（H）	B4F3（H）

所以一个汉字的内码和它的国标码之间的差是 8080H。

26. 下列说法中,正确的是_____。

    A. 同一个汉字的输入码的长度随输入方法不同而不同

    B. 同一汉字用不同的输入法输入时,其机内码是不相同的

    C. 一个汉字的机内码与它的国标码是相同的,且均为2字节

    D. 不同汉字的机内码的长度是不相同的

答案:A

【解析】:汉字的输入码(外码)分三类:数字编码、拼音编码、字形编码。

数字编码:用4位十进制数字串代表一个汉字,称国标区位码。

拼音编码:全拼、双拼、微软拼音等。

字形编码:按汉字的形状编码。如:五笔字型、表形码等。

同一汉字用不同的输入法输入时,其机内码是相同的。

27. 下列叙述中,_____是正确的。

    A. 计算机病毒会危害计算机用户的健康

    B. 感染过计算机病毒的计算机具有对该病毒的免疫性

    C. 反病毒软件总是超前于病毒的出现,它可以查、杀任何种类的病毒

    D. 任何一种反病毒软件总是滞后于计算机新病毒的出现

答案:D

【解析】:计算机病毒以及反病毒技术都是以软件编程技术为基础。因此,防病毒软件总是滞后于病毒的发现。任何清除病毒软件都只能发现病毒和清除部分病毒。所以,对计算机病毒的预防关键是从思想上、管理上、技术上入手做好预防工作,要以"预防为主,诊治结合"。一旦发现计算机运行不正常,立即用杀毒软件检查或清除病毒。

28. 当前计算机感染病毒的可能途径之一是_____。

    A. 从键盘上输入数据　　　　　　B. 所使用的软盘表面不清洁

    C. 通过 Internet 的 E-mail　　　　D. 通过电源线

答案:C

【解析】:计算机病毒是指编制或者在计算机程序中插入的破坏计算机功能或者毁坏数据,影响计算机使用,并能自我复制的一组计算机指令或者程序代码。只要病毒程序下载到计算机内,计算机就感染了病毒。

29. 计算机感染病毒的可能途径之一是_____。

    A. 电源不稳定

    B. 所使用的软盘表面不清洁

    C. 从键盘上输入数据

    D. 随意运行外来的、未经反病毒软件严格审查的软盘上的软件

答案:D

【解析】:同上题。

30. 下列关于计算机病毒的叙述中,错误的是_____。

    A. 计算机病毒具有传染性

    B. 反病毒软件必须随着新病毒的出现而升级,提高查、杀病毒的功能

    C. 计算机病毒是人为制造的、企图破坏计算机功能或计算机数据的一段小程序

D. 反病毒软件可以查、杀任何种类的病毒

答案：D

【解析】：同 27 题解析。

31. 下列叙述中,正确的是_____。

A. 计算机病毒通过读写软盘或 Internet 网络进行传播

B. 所有计算机病毒只在可执行文件中传染

C. 计算机病毒是由于软盘片表面不清洁而造成的

D. 只要把带毒软盘片设置成只读状态,那么此盘片上的病毒就不会因读盘而传染给另一台计算机

答案：A

【解析】：同 28 题解析。

32. 当计算机病毒发作时,主要造成的破坏是_____。

A. 对磁盘片的物理损坏

B. 对 CPU 的损坏

C. 对磁盘驱动器的损坏

D. 对存储在硬盘上的程序、数据甚至系统的破坏

答案：D

【解析】：通常计算机病毒的表现有：破坏引导程序和分区表,造成异常死机；破坏可执行文件,使文件加长,运行变慢；显示器上出现一些莫名其妙的信息、图形等异常内容；访问磁盘,程序装入和计算机运行速度明显变慢；磁盘上出现异常文件；文件内容被修改,文件的长度无故增加；出现不知来源的隐藏文件；程序或数据神秘丢失；异常要求用户输入口令等。

33. 防止软盘感染病毒的有效方法是_____。

A. 定期对软盘进行格式化

B. 使软盘写保护

C. 保持机房清洁

D. 不要把软盘与有毒软盘放在一起

答案：B

【解析】：防治网络传播病毒的最佳方法是：不预览邮件,遇到可疑邮件立即删除。使用外来软盘或光盘中的数据(软件)前,应该先检查,确认无病毒后,再使用。由于数据交换频繁,感染病毒的可能性始终存在,因此,重要数据一定要备份,如存入软盘或刻入光盘。

第 3 章　操作系统与 Windows

1. 微机上广泛使用的 Windows 7 是_____。

A. 实时操作系统

B. 单用户多任务操作系统

C. 多用户多任务操作系统

D. 多用户分时操作系统

答案：B

【解析】：Microsoft Windows 是一个为个人电脑和服务器用户设计的操作系统,它有时也被称为"视窗操作系统"。它的第一个版本由微软公司发行于 1985 年,并最终获得了世界个人电脑操作系统软件的垄断地位。

2. 计算机操作系统通常具有的五大功能是_____。

    A. 硬盘管理、软盘驱动器管理、CPU 的管理、显示器管理和键盘管理

    B. 处理器(CPU)管理、存储管理、文件管理、设备管理和作业管理

    C. 启动、打印、显示、文件存取和关机

    D. CPU 管理、显示器管理、键盘管理、打印机管理和鼠标器管理

答案：B

【解析】：操作系统(Operating System)是计算机系统中的一个系统软件，它直接管理和控制计算机系统中的硬件及软件资源，合理地组织计算机工作流程以便有效地利用这些资源为用户提供一个功能强大、使用方便和可扩展的工作环境，从而在计算机与其用户之间起到接口的作用。操作系统的基本功能有进程管理、存储管理、文件管理、作业管理、设备管理五大基本功能。

3. 下列各条中，对计算机操作系统作用的完整描述是_____。

    A. 它是用户与计算机的界面

    B. 它对用户存储的文件进行管理，方便用户

    C. 它执行用户输入的各类命令

    D. 它管理计算机系统的全部软、硬件资源，合理组织计算机的工作流程，以充分发挥计算机资源的效率，为用户提供使用计算机的友好界面

答案：D

【解析】：同上题。

4. 下面关于操作系统的叙述中，正确的是_____。

    A. 操作系统属于应用软件

    B. Windows 是 PC 机唯一的操作系统

    C. 操作系统是计算机软件系统中的核心软件

    D. 操作系统的五大功能是：启动、打印、显示、文件存取和关机

答案：C

【解析】：操作系统是计算机系统中的一个系统软件，是计算机中的核心软件，负责管理计算机内的各项资源，它将应用软件和计算机硬件连接起来，成为用户和计算机硬件的沟通渠道。通常应具有处理器(CPU)管理、存储管理、文件管理、输入/输出管理和作业管理五大功能。

5. 一个计算机软件由_____组成。

    A. 编辑软件和应用软件   B. 程序和相应文档

    C. 数据库软件和工具软件   D. 系统软件和应用软件

答案：B

【解析】：计算机软件(Computer Software，也称软件)是指计算机系统中的程序及其文档。根据软件用途，通常将其分为系统软件和应用软件两大类。系统软件包括操作系统和一系列基本的工具，如数据库管理、文件系统管理和驱动管理等。应用软件是为了某种特定的用途而开发的软件。常见的有以下几种：文字处理软件、信息管理软件、辅助设计软件(如 AutoCAD)、实时控制软件、教育与娱乐软件等。

6. 以下属于高级语言的有_____。

    A. C 语言   B. 汇编语言   C. 机器语言   D. 以上都是

答案：A

【解析】：计算机程序设计语言的发展，经历了从机器语言、汇编语言到高级语言的历程。前两种是面向机器的低级语言，而高级语言更接近于自然语言，如 Fortran、Basic、Pascal、Java、C 和 C++等，其中 C/C++是当今最流行的高级程序设计语言之一。

7. 下列各类计算机程序语言中，不属于高级程序设计语言的是_____。

    A. Visual Basic   B. Visual C++   C. C 语言   D. 汇编语言

答案：D

【解析】：同上题。

8. 把用高级语言写的程序转换为可执行的程序，要经过的过程叫作_____。

    A. 编辑和连接   B. 解释和编译

    C. 编译和连接   D. 汇编和解释

答案：C

【解析】：把用高级语言写的程序转换为可执行的程序，要经过编译和连接。编译就是把高级语言变成计算机可以识别的二进制语言，因为计算机只认识 1 和 0，编译程序把人们熟悉的语言换成二进制。连接就是将编译后的目标文件连接成可执行的应用程序。

9. 下列叙述中，正确的是_____。

    A. 不同型号的 CPU 具有相同的机器语言

    B. 计算机能直接识别、执行用汇编语言编写的程序

    C. 用高级语言编写的程序称为源程序

    D. 机器语言编写的程序执行效率最低

答案：C

【解析】：在计算机系统中程序设计语言分为三种类型：机器语言、汇编语言、高级语言。低级的机器语言是计算机能够直接识别的语言，与人类的习惯语言不太相近。而高级语言接近于人类的语言，如 C 语言、BASIC 语言等。用高级语言编写的程序称为源程序，源程序不能被计算机直接运行，必须通过编译才能被计算机所接受。汇编语言介于机器语言和高级语言之间，计算机不能直接识别。

10. 下列叙述中，正确的是_____。

    A. 指令是由一串二进制数 0、1 组成的

    B. 机器语言就是汇编语言，无非是名称不同而已

    C. 高级语言编写的程序的可移植性差

    D. 用机器语言编写的程序可读性好

答案：A

【解析】：机器语言是计算机能够直接识别的语言，由机器语言编写的程序可读性差，但是程序执行效率最高。高级语言编写的程序可移植性好，可读性好，但是计算机要经过编译才能认识，所以执行效率最低。汇编语言介于机器语言和高级语言之间。

11. 下列各组软件中，完全属于应用软件的一组是_____。

    A. UNIX，WPS Office 2003，MS-DOS

    B. 物流管理程序，Sybase，Windows 7

    C. AutoCAD，Photoshop，PowerPoint 2003

D. Oracle，FORTRAN 编译系统，系统诊断程序

答案：C

【解析】：应用软件是为了某种特定的用途而开发的软件。常见的有以下几种：文字处理软件（如 WPS）、信息管理软件、辅助设计软件（如 AutoCAD）、实时控制软件、教育与娱乐软件等。

12. 用网状结构来表示实体及其之间联系的模型称为_____。

    A. 网状模型　　　　　　　　　　　　B. 关系模型

    C. 逻辑模型　　　　　　　　　　　　D. 层次模型

答案：A

【解析】：网状数据模型用有向图结构表示实体和实体之间的联系。有向图结构中的结点代表实体记录类型，连线表示结点间的关系，这一关系也必须是一对多的关系。然而，与树结构不同，结点和连线构成的网状有向图具有较大的灵活性。但与层次数据模型一样，网状模型也缺乏形式化基础。

第 4 章　Internet 及网络基础

1. 计算机网络最突出的优点是_____。

    A. 精度高　　　　B. 容量大　　　　C. 共享资源　　　　D. 运算速度快

答案：C

【解析】：计算机网络是用通信线路将分散在不同地点并具有独立功能的多台计算机系统互相连接，按照网络协议进行数据通信，实现资源共享的信息系统。可将计算机网络的定义概括为连网的计算机是可以独立运行的。计算机之间通过通信线路按照网络协议进行数据通信。联网的目的是实现资源共享。

2. 用于局域网的基本网络连接设备是_____。

    A. 调制解调器　　　　　　　　　　　B. 网络适配器（网卡）

    C. 路由器　　　　　　　　　　　　　D. 集线器

答案：B

【解析】：计算机与外界局域网的连接需通过主机箱内的一块网络接口板，它又称为通信适配器或网络适配器（adapter）或网络接口卡（Network Interface Card，NIC），但现在更多的人愿意使用其简单名称"网卡"。

3. 下列各指标中，_____是数据通信系统的主要技术指标之一。

    A. 误码率　　　　B. 分辨率　　　　C. 频率　　　　D. 重码率

答案：A

【解析】：数据通信系统的主要技术指标有带宽、比特率、误码率、波特率。

4. 调制解调器（Modem）的主要技术指标是数据传输速率，它的度量单位是_____。

    A. KB　　　　　　B. Mbps　　　　C. dpi　　　　　D. MIPS

答案：B

【解析】：调制解调器的作用是模拟信号和数字信号的"翻译员"。Modem 的传输速率指的是 Modem 每秒钟传送的数据量大小。通常所说的 14.4K、28.8K、33.6K 等指的就是

Modem 的传输速率。传输速率以 bps(比特/秒)为单位。

5. 在计算机网络中,TCP/IP 是一组_____。

    A. 支持异种类型的计算机(网络)互连的通信协议

    B. 广域网技术

    C. 支持同类型的计算机(网络)互连的通信协议

    D. 局域网技术

答案:A

【解析】:TCP/IP 是用于计算机网络上计算机间互联共享资源的一组协议。TCP(Transmission Control Protocol)对发送的信息进行数据分解,保证可靠性传送并按序组合。IP(Internet Protocol)则负责数据包的寻址。

6. Internet 网中不同网络和不同计算机相互通信的基础是_____。

    A. X.25   B. TCP/IP   C. ATM   D. Novell

答案:B

【解析】:Internet 实现了分布在世界各地的各类网络的互联,其最基础和核心的协议是 TCP/IP。TCP/IP 协议是 Internet 上的计算机为了能相互进行数据交换而制定的一系列规则、约定和标准。

7. TCP 协议的主要功能是_____。

    A. 进行数据分组   B. 保证可靠的数据传输

    C. 提高数据传输速度   D. 确定数据传输路径

答案:B

【解析】:TCP 协议提供了可靠的面向对象的数据流传输服务的规则和约定。简单地说,在 TCP 模式中,对方发一个数据包给你,你要发一个确认数据包给对方,通过这种确认来提供可靠性。

8. 正确的 IP 地址是_____。

    A. 202.202.1   B. 202.257.14.13

    C. 202.112.111.1   D. 202.2.2.2.2

答案:C

【解析】:目前 IP 地址是一个 32 位的二进制地址,为了便于记忆,将它们分为 4 组,每组 8 位,由小数点分开,用四个字节来表示,而且,用点分开的每个字节的数值范围是 0~255,如 202.112.111.1,这种书写方法叫作点数表示法。

9. 下列度量单位中,用来度量计算机网络数据传输速率(比特率)的是_____。

    A. MB/s   B. MIPS   C. Mbps   D. GHz

答案:C

【解析】:MB/s 是传输字节速率,MIPS 是运算速度,Mbps 是传输比特速率,GHz 是主频单位。

10. Internet 中,主机的域名和主机的 IP 地址两者之间的关系是_____。

    A. 一个域名对应多个 IP 地址

    B. 一个 IP 地址对应多个域名

    C. 一一对应

D. 完全相同,毫无区别

答案:C

【解析】:Internet 上的每台主机都具有唯一的 IP 地址,这个地址是 4 个字节的二进制数。用不具有任何意义的二进制数来定位特定的设备给用户带来了很大的困扰。所以在 Internet 上采用域名系统(DNS)来完成 IP 地址域名字的映射管理,主机的域名和主机的 IP 地址是一一对应的。

11. 根据 Internet 的域名代码规定,域名中的_____表示商业组织的网站。

    A. .com   B. .gov   C. .net   D. .org

答案:A

【解析】:域名系统(Domain Name System,DNS)是指在 Internet 上查询域名或 IP 地址的目录服务系统。Internet 域名系统是一个树型结构,其形式如下:.com(企业)、.net(网络运行服务机构)、.gov(政府机构)、.org(非营利性组织)、.edu(教育)域由 InterNic 管理,其注册、运行工作目前由 Network Solution 公司负责。

12. 域名 MH. BIT. EDU. CN 中主机名是_____。

    A. EDU   B. BIT   C. CN   D. MH

答案:D

【解析】:域名系统也与 IP 地址的结构一样,采用层次结构,域名的格式为:主机名. 机构名. 网络名. 最高层域名。

13. 主机域名 MH. BIT. EDU. CN 中最高域是_____。

    A. CN   B. BIT   C. EDU   D. MH

答案:A

【解析】:同上题。

14. 以下说法中,正确的是_____。

    A. 域名服务器(DNS)中存放 Internet 主机的域名

    B. 域名服务器(DNS)中存放 Internet 主机域名与 IP 地址的对照表

    C. 域名服务器(DNS)中存放 Internet 主机的 IP 地址

    D. 域名服务器(DNS)中存放 Internet 主机的电子邮箱的地址

答案:B

【解析】:域名服务器 DNS 把 TCP/IP 主机名称映射为 IP 地址。

15. 用户在 ISP 注册拨号入网后,其电子邮箱建在_____。

    A. 发信人的计算机上   B. ISP 的主机上

    C. 用户的计算机上   D. 收信人的计算机上

答案:B

【解析】:因特网服务提供商(Internet Service Provider,ISP),即向广大用户提供互联网接入综合业务、信息业务和增值业务的电信运营商。ISP 是经国家主管部门批准的正式运营企业,享受国家法律保护。电子邮箱建在 ISP 的主机上。

16. 在因特网技术中,缩写 ISP 的中文全名是_____。

    A. 因特网服务程序   B. 因特网服务产品

    C. 因特网服务提供商   D. 因特网服务协议

答案：C

【解析】：同上题。

17. 电子邮件的特点之一是_____。

    A. 采用存储-转发方式在网络上逐步传递信息,不像电话那样直接、即时,但费用较低

    B. 只要在通信双方的计算机之间建立起直接的通信线路后,便可快速传递数字信息

    C. 比邮政信函、电报、电话、传真都更快

    D. 在通信双方的计算机都开机工作的情况下方可快速传递数字信息

答案：A

【解析】：Internet 的电子邮件系统遵循简单邮件传输协议(Simple Mail Transfer Protocol,SMTP),采用客户机/服务器模式,由传输代理程序(服务方)和用户代理程序(客户方)两个基本程序协同工作完成邮件的传递。传输代理程序负责接收和发送信件,它运行在计算机后台。传输代理程序对用户是透明的,用户感觉不到它的存在,但它能随时对客户的请求做出响应。例如,根据邮件的地址连接远地的计算机、发送信件、响应远地计算机的连接请求、接收信件等。用户代理程序是用户使用 Internet 邮件系统的接口,它的功能是允许读写和删除信件。不同的系统上提供的用户代理程序是不相同的,但所有的用户代理程序都遵守 SMTP 协议,因此它们提供的功能都是相同的,其用法也大同小异。

18. 假设 ISP 提供的邮件服务器为 bj163.com,用户名为 XUEJY 的正确电子邮件地址是_____。

    A. XUEJY&bj163.com   B. XUEJY @ bj163.com

    C. XUEJY@bj163.com   D. XUEJY#bj163.com

答案：C

【解析】：一个完整的 Internet 邮件地址由以下两个部分组成,格式如下:登录名@主机名.域名,中间用一个表示"在"(at)的符号@分开,符号的左边是对方的登录名,右边是完整的主机名,它由主机名与域名组成。其中,域名由几部分组成,每一部分称为一个子域(Subdomain),各子域之间用圆点"."隔开,每个子域都会告诉用户一些有关这台邮件服务器的信息。

19. 正确的电子邮箱地址的格式是_____。

    A. 用户名+@+计算机名+机构名+最高域名

    B. 计算机名+@ +机构名+最高域名+用户名

    C. 计算机名+机构名+最高域名+用户名

    D. 用户名+计算机名+机构名+最高域名

答案：A

【解析】：同上题。

20. 下列各项中,_____能作为电子邮箱地址。

    A. TT202#YAHOO   B. A112.256.23.8

    C. K201&YAHOO.COM.CN   D. L202@263.NET

答案：D

【解析】：同上题。

21. 下列关于电子邮件的叙述中,正确的是_____。

    A. 如果收件人的计算机没有打开时,发件人发来的电子邮件将丢失

    B. 如果收件人的计算机没有打开时,当收件人的计算机打开时再重发

    C. 发件人发来的电子邮件保存在收件人的电子邮箱中,收件人可随时接收

    D. 如果收件人的计算机没有打开时,发件人发来的电子邮件将退回

答案：C

【解析】：电子邮件系统是采用"存储-转发"方式为用户传递电子邮件。通过在一些Internet 的通信节点计算机上运行相应的软件,可以使这些计算机充当"邮局"的角色。用户使用的电子邮箱就是建立在这类计算机上的。当用户希望通过 Internet 给某人发送信件时,他先要与为自己提供电子邮件服务的计算机联机,然后将要发送的信件与收信人的电子邮件地址送给电子邮件系统。

22. 一个用户若想使用电子邮件功能,应当_____。

    A. 把自己的计算机通过网络与附近的一个邮局连起来

    B. 使自己的计算机通过网络得到网上一个 E-mail 服务器的服务支持

    C. 通过电话得到一个电子邮局的服务支持

    D. 向附近的一个邮局申请,办理建立一个自己专用的信箱

答案：B

【解析】：一个用户若想使用电子邮件功能,应当使自己的计算机通过网络得到网上一个 E-mail 服务器的服务支持。

23. 写邮件时,除了发件人地址之外,另一项必须要填写的是_____。

    A. 主题   B. 收件人地址

    C. 信件内容   D. 抄送

答案：B

【解析】：写邮件必须要写收件人地址才可以发送出去。

24. 下列英文缩写和中文名字的对照中,错误的是_____。

    A. ROM——随机存取存储器   B. ISDN——综合业务数字网

    C. ISP——因特网服务提供商   D. URL——统一资源定位器

答案：A

【解析】：ROM—只读存储器；ISDN——综合业务数字网；ISP——因特网服务提供商；URL——统一资源定位器。

第二部分　上机实践指导

第1章　Windows 7 实践指导

实践一　文件操作

实践目的和要求：掌握文件和文件夹的一些常用操作，熟练地对文件进行处理。

1. 新建文件、文件夹和它们的快捷方式。
2. 重命名文件和文件夹，以及修改文件的属性。
3. 复制、移动、删除文件和文件夹。
4. 搜索、排序、压缩文件和文件夹。

实践内容 1：新建文件、文件夹和它们的快捷方式

在 D 盘下有一文件夹 xs，要求在该文件内新建：

(1) 一个名为 xt 的文件夹。

(2) 一个名称为 wa 的 Word 文档。

(3) 一个名称为 ss 的文本文档，内容为本人学号和姓名（如 "A08012345 王小明"）。

(4) 为文件夹 xt 创建一个名称为 tt 的快捷方式。

操作步骤：

① 单击桌面的【计算机】，打开计算机，单击要在其中创建新文件夹的路径 D:/xs。

② 单击【文件】菜单中的【新建】命令或者在右窗格的空白处右击，选择【新建】，然后单击选中【文件夹】，输入新文件夹的名称 xt，如图 1.1 所示。

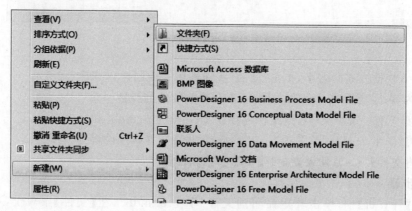

图 1.1　新建文件夹

③ 单击【文件】菜单中的【新建】命令或者在右窗格的空白处右击,选择【新建】,然后单击【Microsoft Word 文档】,输入新文件的名称 wa。操作与图 1.1 类似。

④ 单击【文件】菜单中的【新建】命令或者在右窗格的空白处右击,选择【新建】,然后单击【文本文档】,输入新文件的名称 ss。然后打开 ss,输入内容进行保存,如图 1.2 所示。

图 1.2　文本文件

⑤ 在窗口的空白处右击,选择【新建】→【快捷方式】,弹出创建快捷方式对话框,在该对话框内,单击"浏览"按钮,选择要创建快捷方式的文件夹,如图 1.3 所示。然后单击"下一步"按钮。

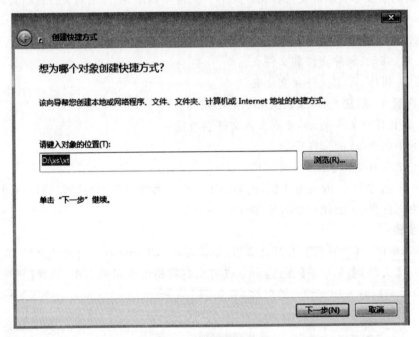

图 1.3　创建快捷方式

⑥ 输入快捷方式的名字,单击"完成"按钮即可完成创建,如图 1.4 所示。

实践内容 2：重命名文件和文件夹,以及修改文件的属性

在 D 盘下有一文件夹 xs,该文件内存在文件"学生 5. mdb"和文件夹 xt,进行如下操作：

(1) 将"学生 5. mdb"改名为"学生 5. txt",并将文件属性设置为只读。

(2) 将文件夹 xt 属性设置为"隐藏",其他属性删除。

操作步骤：

① 在【计算机】中,单击要重命名的文件"学生 5. mdb",在【文件】菜单上,单击【重命

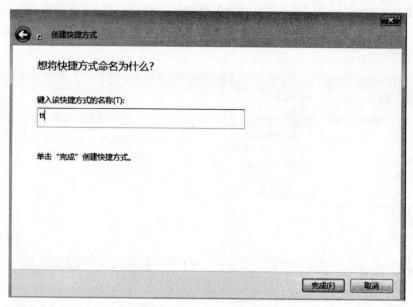

图 1.4　输入快捷方式名字

名】,输入新名称"学生 5. txt",然后左键单击。由于本试题修改的是文件的扩展名,在扩展名提示对话框中单击【是】,如图 1.5 所示。

提示:若计算机中文件的扩展名被隐藏,在修改文件的扩展名前,首先要把扩展名显示出来,显示扩展名的方法是:

图 1.5　扩展名更改提示对话框

- 打开 Windows"资源管理器",单击【组织】→【布局】→【菜单栏】,选中【菜单栏】,以显示系统菜单栏,如图 1.6 所示。

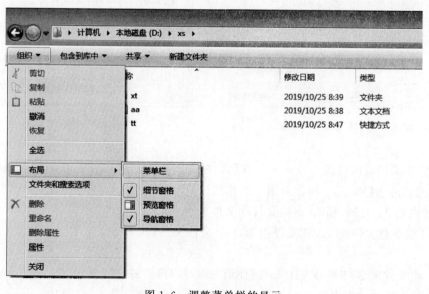

图 1.6　调整菜单栏的显示

- 在【工具】菜单上，单击【文件夹选项】，在弹出的窗口中选择【查看】页面，然后取消勾选"隐藏已知文件类型的扩展名"复选框。如图 1.7 和图 1.8 所示，然后单击【确定】即可。

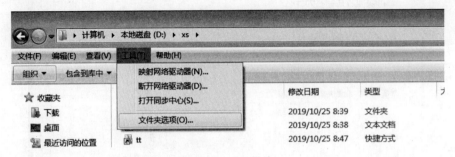

图 1.7　工具菜单

② 单击要修改属性的文件"学生 5.txt"。在【文件】菜单上，单击【属性】，在属性对话框中选中【只读】，然后单击【确定】，如图 1.9 所示。

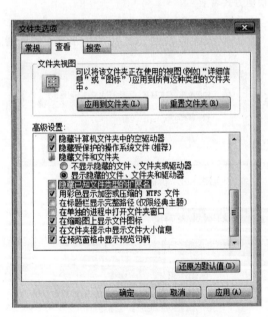

图 1.8　文件夹选项对话框

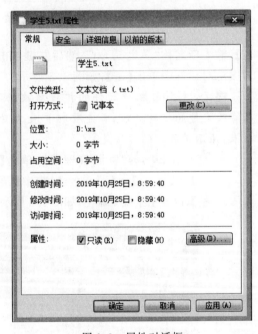

图 1.9　属性对话框

③ 单击要修改属性的文件夹 xt。在【文件】菜单上，单击【属性】，在属性对话框中选中【隐藏】，然后单击【确定】。操作与图 1.9 相似。

实践内容 3：复制、移动、删除文件和文件夹

在 D 盘下有文件夹 xs，该文件内有 4 个文件夹 SYS、EXAM4、RED 和 GX，进行如下操作：

（1）将文件夹 SYS 中 YYD.doc、SJK4.mdb 和 DT4.xls 复制到文件夹 EXAM4 中。

（2）将 GX 文件夹中以 B 和 D 开头的全部文件移动到文件夹 RED 中。

（3）删除文件夹 xs 中的文件 ad2.txt。

操作步骤：

① 在【计算机】中，单击文件夹 SYS。然后选中多个文件 YYD.doc、SJK4.mdb 和 DT4.xls，在【编辑】菜单上，单击【复制】。然后打开要存放副本的文件夹 EXAM4。在【编辑】菜单上，单击【粘贴】。

注意：在对文件或文件夹进行各种操作之前，必须首先选取要进行操作的文件和文件夹。主要分为以下几种情况：

- 选定一个文件或文件夹：单击要选择的文件或文件夹图标。
- 选定多个连续的文件或文件夹：单击要选择的第一个文件或文件夹，然后按住 Shift 键，再单击要选择的最后一个文件或文件夹。
- 选定多个不连续的文件或文件夹：按住 Ctrl 键，然后逐个单击要选择的文件或文件夹。
- 选定全部文件或文件夹：单击【编辑】菜单中【全部选定】命令或按快捷键 Ctrl+A。
- 反向选定文件或文件夹：单击【编辑】菜单中【反向选择】命令。

提示：复制文件和文件夹常用方法还有：选定要复制的文件和文件夹，按住 Ctrl 键拖动到目标位置。

② 在【计算机】中，单击文件夹 GX。然后选中以 B 和 D 开头的全部文件，在【编辑】菜单上，单击【剪切】。然后打开要存放副本的文件夹 RED。在【编辑】菜单中单击【粘贴】按钮。

提示：移动文件和文件夹的常用方法还有选定要移动的文件和文件夹，按住 Shift 键拖动到目标位置。

③ 单击要删除的文件 ad2.txt。可以使用下面的任一种方法进行删除操作：

- 单击【文件】菜单中【删除】命令。
- 拖动到左窗格的【回收站】中。
- 右击选定的文件和文件夹，在弹出的快捷菜单中选择【删除】命令。
- 按键盘上的 Delete 键。

实践内容 4：搜索、排序文件和文件夹

在 C:\exam\1\文件操作\2 文件夹下对文件夹 GX 和 SUN 进行如下操作：搜索 GX 文件夹下所有的 *.dat 文件，并将按文件大小升序排列在最前面的 2 个文件移动到文件夹 SUN 中。

操作步骤：

① 在窗口的右上角的【搜索】中输入 *.dat。在窗口的左侧文件中选择 C:\exam\1\文件操作\2\GX。搜索结果如图 1.10 所示。

② 单击【查看】菜单中【排列图标】中的【大小】命令，对搜索到的文件按照文件大小进行升序排序，如图 1.11 所示。

③ 选中排前 2 位的 2 个文件，单击【编辑】菜单中【剪切】命令，然后打开文件夹 SUN，单击【编辑】菜单中【粘贴】命令。这样就可以把两个文件移动到目的文件夹中。

实践内容 5：压缩文件和文件夹

在 D 盘下有文件夹 xs，该文件夹内有文件 ad2.txt，将 ad2.txt 压缩为 ad2.rar 压缩文件。

操作步骤：

选中文件 ad2.txt，然后右击，在右键菜单中单击添加到"ad2.rar"即可，如图 1.12 所示。

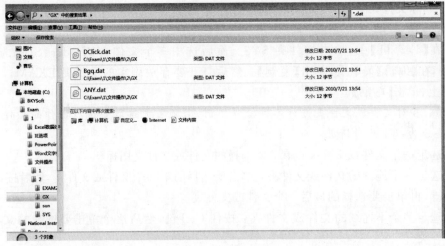

图 1.10　搜索文件

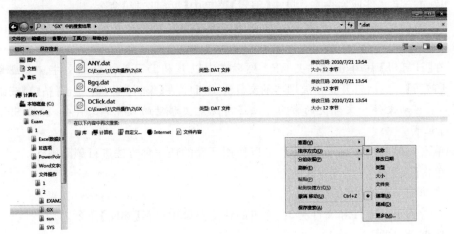

图 1.11　文件排序

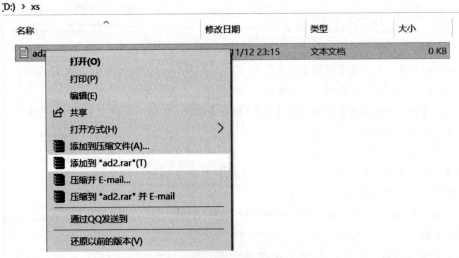

图 1.12　压缩文件

实践二　中英文输入

实践目的和要求：掌握中英文输入中的常用操作，熟练输入中英字符。

1. 掌握汉字的拼音输入。

2. 掌握中英文之间的切换。

3. 掌握中文标点符号的输入。

实践内容：练习使用拼音输入一段中文和英文混合的文字

预备知识：

- 中英文输入法间的切换：按 Ctrl＋空格键，进入中文输入状态，这时屏幕下方会出现 "标准"中文输入状态条 ![标准] 。再次按 Ctrl＋空格键退出中文输入状态，进入英文输入状态。输入状态条会消失。

- 不同输入法间的切换：按 Ctrl＋Shift 组合键，可以在各种输入法中互相切换。或者单击任务栏右侧的输入法按钮，在弹出的输入法菜单中进行选择，如图 1.13 所示。

- 中英文标点符号的切换：使用"标准"中文输入状态条中的 ![图标] 图标可以实现中英文标点符号的切换，如图 1.14 所示。

图 1.13　输入法

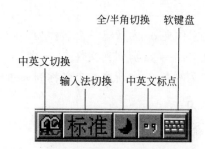

图 1.14　输入菜单

- 英文输入：大写字母的输入，在英文输入状态下，按一下大写锁定键 Caps Lock，键盘上方对应的指示灯会变亮，此时输入的英文字母都为大写字母。或在小写字母输入状态下按住 Shift 键，再同时按下小写字母也可以实现大写字母的输入。

- 常用中英文标点符号与键盘对照表。

中文标点	键盘位置	中文标点	键盘位置	中文标点	键盘位置
。句号	.	《》双书名号	< >	""双引号	" "
，逗号	,	：冒号	:	、顿号	\
；分号	;	……省略号	^	￥人民币符号	$

操作步骤：

依次执行【开始】→【程序】→【附件】→【记事本】，打开记事本应用程序窗口，或者打开 Word 应用程序窗口，选择一种输入法，练习中英文字符的输入。

实践三　综合练习

实践练习 1：
题号：6907

请在打开的窗口中，进行下列操作，完成所有操作后，请关闭窗口。

（1）在 QONE1 文件夹中创建一个名为 XHXM.TXT 的文本文件，内容为本人学号和姓名（如 "A08012345 王小明"）。

（2）将 QONE2 文件夹中首字母为 C 的所有文件复制到 QONE3\ATRU 文件夹中。

（3）将 QONE3 文件夹中的名为 PWE 的文件夹删除。

（4）在 KS_ANSWER 文件夹中建立一个 QONE4 文件夹的快捷方式，快捷方式的名称设置为 SJU。

实践练习 2：
题号：4018

请在打开的窗口中，进行下列操作，完成所有操作后，请关闭窗口。

（1）在文件夹 oe 内新建一个名称为 wa 的 Word 文档。

（2）将文件夹 ka 剪切到文件夹 oe 中。

（3）在文件夹 oe 中新建一个名称为 ss 的文本文档。

实践练习 3：
题号：5525

请在打开的窗口中，进行下列操作，完成所有操作后，请关闭窗口。

（1）把 back 文件夹下的文件 index.idx 改名为 suoyin.idx。

（2）把文件夹 docu 下文件夹 flower 中以 dat 为扩展名的文件移动到文件夹 back 下。

（3）把文件 count.txt 属性改为隐藏属性（其他属性删除）。

（4）删除文件夹 docu 下文件夹 tree 下所有扩展名为 wps 的文件。

（5）在 back 文件夹下建立文件 sort.dbf 的快捷方式，快捷方式名称是：sort。

实践练习 4：
题号：4142

请在打开的窗口中，进行下列操作，完成所有操作后，请关闭窗口。

（1）建立文件夹 EXAM4，并将文件夹 SYS 中 YYD.doc、SJK4.mdb 和 DT4.xls 复制到文件夹 EXAM4 中。

（2）将文件夹 SYS 中 YYD. doc 改名为 ADDRESS. doc，删除 SJK4. mdb，设置文件 Atextbook. dbf 文件属性为只读，将 DT4. xls 压缩为 DT4. rar 压缩文件。

（3）建立文件夹 RED，并将 GX 文件夹中以 B 和 C 开头的全部文件移动到文件夹 RED 中。

（4）搜索 GX 文件夹下所有的 ＊. jpg 文件，并将按文件大小升序排列在最前面的三个文件移动到文件夹 RED 中。

实践练习 5：中英文打字

题号：3046

ActionScript 开发界缺少一本真正的以面向对象思想来讲解的书籍，缺少从 ActionScript 3 语言架构上来分析的书籍。很多 ActionScript 开发人员都只停留在知道 OOP 语法、会熟练运用 ActionScript 3 提供的类库 API 阶段，而对 OOP 思想和 ActionScript 3 整个系统架构脉络一知半解。买椟还珠，这是很可惜的。本书尝试以系统架构师的眼光，以面向对象思想为主轴，讲述 ActionScript 3 中面向对象的精髓和应用。从 ActionScript 3 系统架构的高度，清楚明白地讲解 ActionScript 3 的 API 设计原因、原理和应用。面向对象思想和 ActionScript 3 系统架构就是 RIA 开发的任督二脉，打通之后，你就会觉得所有 ActionScript 3 知识都是共通共融、浑然一体的，从而再学习广阔的 ActionScript 3 开源世界中的其他东西时，也会觉得高屋建瓴、势如破竹、轻松如意。

实践练习 6：中英文打字

题号：1328

MeeGo 为开发人员提供了一整套工具，以便于开发人员能够轻松、迅速地创建各种新的应用。MeeGo 将 Qt 平台的开发技术融合进来，使用 Qt 和 Web runtime 作为应用程序开发，Qt 基于原生的 C++，Web runtime 基于 Web 应用程序（HTML、JS、CSS 等）。Qt 和 Web runtime 带来了跨平台开发，使应用程序可以实现跨越多个平台。Web 开发工具的插件为标准的 Web 开发工具，包括 Aptana 和 Dreamweaver。MeeGo 的开发工具有开源和非开源之分，其中开源工具包含：MeeGoImage Creator，能够启动创建各种格式的自定义系统镜像。PowerTOP(IA only)，属于平台级的功耗分析和优化工具。非开源的工具为英特商业开发工具，其中包括：英特尔 C/C++ 编译工具、英特尔 JTAG 和应用程序调试工具，英特尔集成性能基元(英特尔 IPP)以及 Vtune 性能分析器。

实践练习 7：中英文打字

题号：2731

具有高度互动性、丰富用户体验及功能强大的客户端，是目前网络开发的迫切需求。Adobe 公司的 Flash Player 凭借其全球 97% 的桌面电脑占有率和跨平台的优势，成为了事实上的下一代的 RIA（Rich Internet Application，丰富因特网程序）主力。Adobe 公司于 2006 年年中推出了强大的 ActionScript 3 语言，和支持 ActionScript 3 的新一代的虚拟机 AVM 2。经测试，AVM 2 执行 ActionScript 3 代码比以前的 ActionScript 2 代码执行效率要快 10 倍以上。ActionScript 3 与 ActionScript 2 和 1 有本质上的不同，是一门功能强大

的、面向对象的、具有业界标准素质的编程语言。它是 Flash Player 运行时功能发展中的重要里程碑。ActionScript 3 是快速构建 Rich Internet Application 的理想语言。

实践练习 8：中英文打字

题号：5804

你往往具有一定水平和能力，ActionScript 2 各个方面都有涉猎，但都不深。你需要有针对性的细节点拨和思路指导。你往往不喜欢婆婆妈妈的讲解，最喜爱具体的代码例子。但往往对自己掌握的程度估计不足，对自己知道的东西不加以深究，和高手的差距就在这里。本书用章节"＊"号(有相当数量)和进阶知识这两个部分来针对这个群体。众所周知，知识的讲解应当是一个整体，不能每个知识点都有初级、中级、高级之分。你清楚的东西，对你而言就是初级。你不清楚的东西，往往就是高级。你知道并了解，但是不知道细节的东西，那就是中级。相信，你绝对不虚此"读"。很多有用的知识点和 ActionScript 3 技术上的实现细节，你可能还不清楚。举个小例子，比如，"加 Label 的 continue、break 的用法"，不少读者可能就不太清楚。加油，高手的称号指日可待！

第 2 章　Word 2010 实践指导

实践一　设置字体和段落

实践目的和要求：

1. 掌握字体格式的设置。

2. 掌握段落格式的设置。

3. 掌握边框和底纹的设置。

在考生文件夹下打开文档 word. docx，按照要求完成下列操作并以该文件名(word. docx)保存文档，文档内容如下：

人民币将步入 6 时代

进入 2008 年以来，人民币升值步伐明显放快。截至 3 月 27 日，人民币 28 次改写新高纪录，年内累计升幅超过 4.15％；自汇改以来，人民币累计升值幅度已经达到 15.64％。最近 4 个交易日，人民币累计升值 463 点，特别是最近三个交易日接连突破 7.04、7.03 和 7.02 关口。兴业银行一位外汇分析师表示，如果按照目前的速度，人民币极有可能在近期升破 7.0 关口，步入 6 元时代。

分析人士指出，中国目前的高通胀是美国宽松货币政策造成的，人民币升值长期来看有利于抑制通货膨胀。

在国际金融市场不稳的环境下，人民币兑美元今年以来稳步升值，同时一年期人民币利率维持在 4％的较高水平，均吸引资金大量流入中国，谋求人民币升值利益。

对于年内人民币升值幅度，目前市场普遍认为 2008 年人民币的升值幅度在 10％左右，但高盛经济学家的报告认为，为了抑制通货膨胀，政府容忍的人民币对美元升值幅度今年将达到 12％；渣打银行的经济学家更认为升幅要达到 15％。

实践内容 1：字体的设置

（1）将标题段（人民币将步入 6 时代）文字设置为小二号、绿色、黑体、加粗、居中。

（2）将标题段（人民币将步入 6 时代）文字字符间距加宽 6 磅、并添加红色方框，黄色底纹。

操作步骤：

① 在考生文件夹下打开文档 word.docx。

② 选中标题段文字"人民币将步入 6 时代"。单击【开始】选项卡→【字体】组→【字体】右侧的下三角按钮，弹出【字体】对话框，在【中文字体】选择"黑体"；在【字形】选择"加粗"；在【字号】选择"小二号"；在【字体颜色】选择"绿色"，然后单击【确定】，如图 2.1 所示。

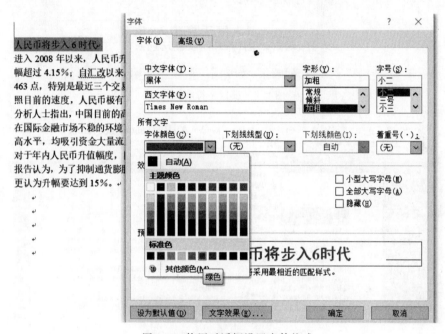

图 2.1　使用对话框设置字体格式

③ 选中标题段文字"人民币将步入 6 时代"，在【段落】组选择对齐方式为"居中"。

④ 选中标题段文字"人民币将步入 6 时代"，切换到【字体】对话框的【高级】标签页，在【间距】选择"加宽"；在【磅值】输入 6 磅，然后单击【确定】，如图 2.2 所示。

⑤ 选中标题段文字"人民币将步入 6 时代"，单击【开始】选项卡→【段落】组→【边框和底纹】，弹出【边框和底纹】对话框，如图 2.3 所示。

⑥ 在【边框和底纹】对话框的【边框】中，设置字体的边框：选择"方框"；在【颜色】选择"红色"；在【应用于】选择"文字"，如图 2.4 所示。

⑦ 在【边框和底纹】对话框的【底纹】中，设置字体的底纹：在【填充】选择"黄色"；在【应用于】选择"文字"，然后单击【确定】，如图 2.5 所示。

⑧ 实践内容 1 的效果，如图 2.6 所示。

实践内容 2：段落格式的设置

（1）将正文第 2-3 段（分析人士指出……升值利益。）设置为 1.3 倍行距，段前段后 1 行，首行缩进 2 字符。

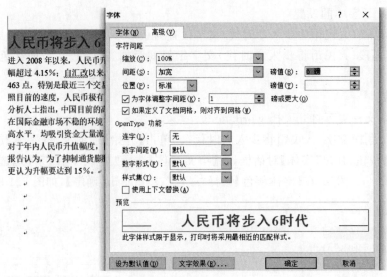

图 2.2　设置字符间距

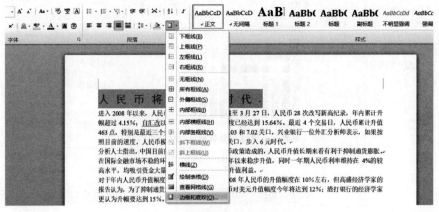

图 2.3　边框和底纹功能按钮

图 2.4　设置字体边框

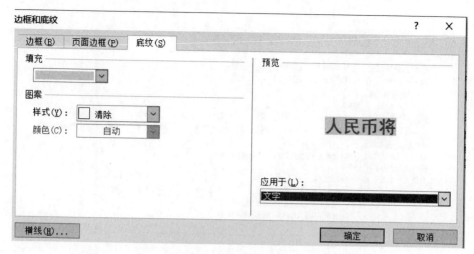

图 2.5　设置字体底纹

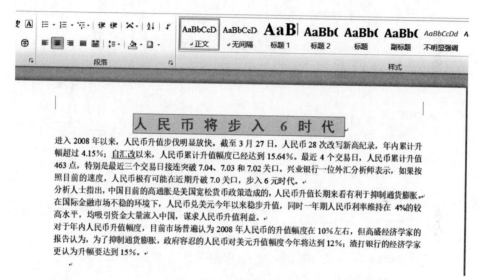

图 2.6　实践内容 1 效果

（2）将正文第 4 段（对于年内人民币升值幅度……升值利益。）设置 20 磅行距，悬挂缩进 2 字符，左缩进值为 56.7 磅，右缩进值为 56.7 磅。

操作步骤：

① 选定正文第 2-3 段（分析人士指出……升值利益。），单击【开始】选项卡→【段落】右侧的下三角按钮，弹出【段落】对话框。在【缩进和间距】标签页，在【特殊格式】中选择"首行缩进"，在【磅值】中输入 2 字符；在【段前】中输入 1 行；在【段后】中输入 1 行；在【行距】中选择"多倍行距"，在【设置值】中输入 1.3。然后单击【确定】按钮，如图 2.7 所示。

② 选定正文第 4 段（对于年内人民币升值幅度……升值利益。），在【段落】对话框的【缩进和间距】标签页，在【缩进】【左侧】中输入 56.7 磅；在【缩进】【右侧】中输入 56.7 磅；在【特殊格式】中选择"悬挂缩进"，在【磅值】中输入 20 磅；在【行距】中选择"固定值"，在【设置值】中输入 20 磅。然后单击【确定】按钮，如图 2.8 所示。

进入 2008 年以来，……年内累计升幅超过 4.15%；自……币累计升值 463 点，特别是最……示，如果按照目前的速度，人……

分析人士指出，中……通货膨胀，……在国际金融市场不……在 4%的较高水平，均吸引着……

对于年内人民币升……经济学家的报告认为，为了抑……的经济学家更认为升幅要达到……

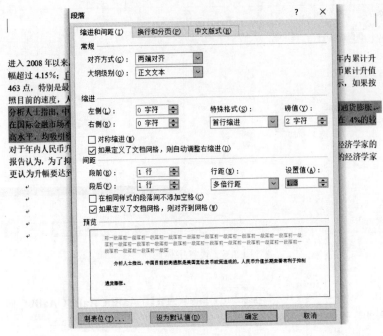

图 2.7　段落格式设置

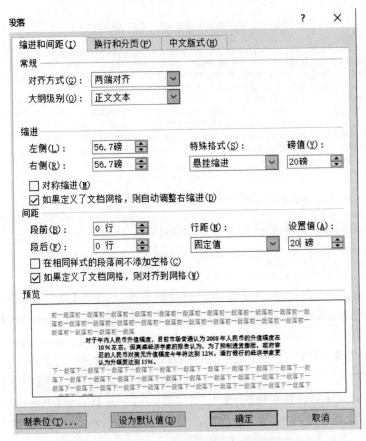

图 2.8　左右缩进格式设置

实践内容 1、2 的效果如图 2.9 所示。

人 民 币 将 步 入 6 时 代

进入 2008 年以来，人民币升值步伐明显放快。截至 3 月 27 日，人民币 28 次改写新高纪录，年内累计升幅超过 4.15%。自汇改以来，人民币累计升值幅度已经达到 15.64%。最近 4 个交易日，人民币累计升值 463 点，特别是最近三个交易日接连突破 7.04、7.03 和 7.02 关口。兴业银行一位外汇分析师表示，如果按照目前的速度，人民币极有可能在近期升破 7.0 关口，步入 6 元时代。

分析人士指出，中国目前的高通胀是美国宽松货币政策造成的，人民币升值长期来看有利于抑制通货膨胀。

在国际金融市场不稳的环境下，人民币兑美元今年以来稳步升值，同时一年期人民币利率维持在 4% 的较高水平，均吸引资金大量流入中国，谋求人民币升值利益。

对于年内人民币升值幅度，目前市场普遍认为 2008 年人民币的升值幅度在 10% 左右，但高盛经济学家的报告认为，为了抑制通货膨胀，政府容忍的人民币对美元升值幅度今年将达到 12%；渣打银行的经济学家更认为升幅要达到 15%。

图 2.9　实践内容 1、2 的效果

实践二　分栏和首字下沉

实践目的和要求：

1. 掌握段落分栏的设置方法和操作。

2. 掌握段落首字下沉的设置方法和操作。

实践内容 1：分栏

将正文第一段（进入 2008 年以来……）分为等宽的两栏、栏间距为 0.54 字符，栏间加分隔线（注意：分栏时，段落范围包括本段末尾的回车符）。

操作步骤：

选定正文第一段（进入 2008 年以来……），在【页面布局】选项卡中的【页面设置】组中，单击【分栏】→【更多分栏】命令，打开【分栏】对话框。在【预设】中选择"两栏"，选定【分隔线】复选框，将默认的【间距】更改为"0.54 字符"。然后单击【确定】按钮，如图 2.10 所示。

实践内容 2：首字下沉

将正文第一段（进入 2008 年以来……）首字下沉 2 行，距正文 1 厘米。

操作步骤：

选定正文第一段（进入 2008 年以来……），在【插入】选项卡中的【文本】组中，单击【首字下沉】→【首字下沉选项】命令，打开【首字下沉】对话框。在【位置】复选框中选择【下沉】；在【选项】复选框内，【下沉行数】选择 2；【距正文】输入 1 厘米。然后单击【确定】按钮，如图 2.11 所示。

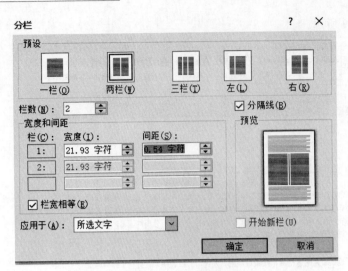

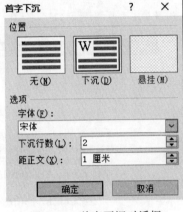

图 2.10　分栏对话框　　　　　　　　　　图 2.11　首字下沉对话框

完成实践一和实践二之后的效果如图 2.12 所示。

图 2.12　实践一、二效果

实践三　图文混排

实践目的和要求：

1. 掌握剪贴画的设置方法和操作。

2. 掌握艺术字的设置方法和操作。

3. 掌握自选图形的设置方法和操作。

4. 掌握文本框的设置方法和操作。

实践内容 1：剪贴画

在实践一 word.docx 中插入任意一张剪贴画，并把它的大小设置为原来大小的 80%，环绕方式为四周环绕。

操作步骤：

① 首先选择好要放剪贴画的位置。在功能区用户界面中【插入】选项卡的【插图】组中选择【剪贴画】选项，打开【剪贴画】任务窗格，如图 2.13 所示。

② 在【搜索文字】文本框中输入剪贴画的相关主题或类别；在【搜索范围】下拉列表中选择要搜索的范围；在【结果类型】下拉列表中选择文件类型。

③ 单击"搜索"按钮，即可在【剪贴画】任务窗格中显示查找到的剪贴画，如图 2.14 所示。

④ 单击要插入到文件的剪贴画，即可把选中的剪贴画插入到文件中。

图 2.13　剪贴画任务窗格

图 2.14　搜索剪贴画

⑤ 选中插入的剪贴画或单击右键，弹出浮动选项卡【图片工具】，在【图片工具】的【大小】组，打开【大小】对话框，在【缩放】选区中设置图片高度和宽度的比例80%。选中【锁定纵横比】复选框；最后选中【相对于原始图片大小】复选框，如图2.15所示。

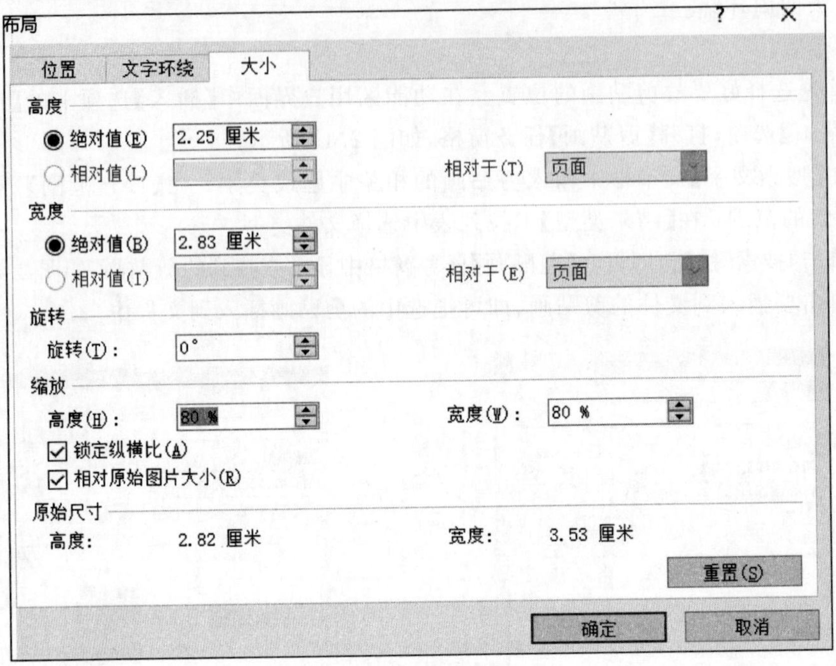

图 2.15　设置图片大小

⑥ 然后切换到【文字环绕】选项卡，在【环绕方式】选区中，选中【四周型】，如图2.16所示。然后单击【确定】按钮。

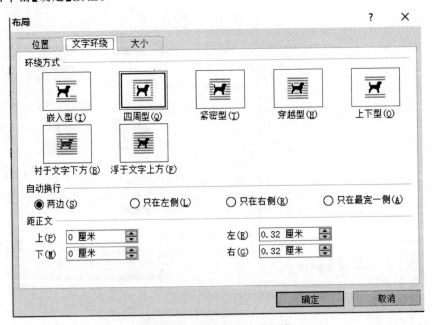

图 2.16　设置图片的文字环绕

实践内容 2：艺术字

在实践一 word.docx 的任意位置插入第 3 行第 2 列的艺术字，艺术字内容为"人民币"，字号 40。

操作步骤：

① 首先选择好要放艺术字的位置。在功能区用户界面的【插入】选项卡【文本】组中选择【艺术字】选项，弹出其下拉列表，选择第 3 行第 2 列的艺术字的样式，如图 2.17 所示。

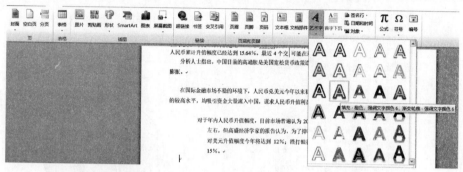

图 2.17　艺术字下拉列表

② 输入艺术字文本"人民币"，如图 2.18 所示。

图 2.18　编辑艺术字

③ 选中插入的艺术字，弹出浮动选项卡【绘图工具】，利用其中的功能对艺术字进行各种格式化操作，如图 2.19 所示。

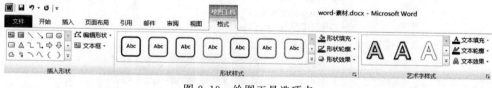

图 2.19　绘图工具选项卡

实践内容 3：自选图形

在实践一 word.docx 中的任意位置添加"笑脸"的自选图形，填充效果为预色"麦浪滚滚"，线条颜色为"黄色"。

操作步骤：

① 首先选择好要放自选图形的位置。在用户界面的【插入】选项卡【插图】组中选择【形状】选项，弹出其下拉菜单，如图 2.20 所示。选择需要绘制的自选图形"笑脸"，此时光标变为十形状，按住鼠标左键在绘图画布上拖动到适当的位置释放鼠标，即可绘制相应的自选图形，如图 2.21 所示。

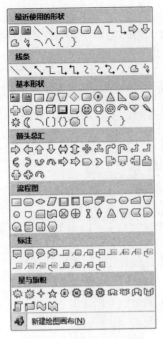

图 2.20 形状下拉列表

图 2.21 绘制自选图形

② 选中笑脸图形,弹出浮动选项卡【绘图工具】,打开【形状样式】组的对话框,弹出【设置形状格式】对话框。在【填充】内,单击【渐变填充】按钮,在【预设颜色】中选择"麦浪滚滚"。如图 2.22 所示。然后单击【线条颜色】按钮,在【颜色】中选择"黄色",如图 2.23 所示。

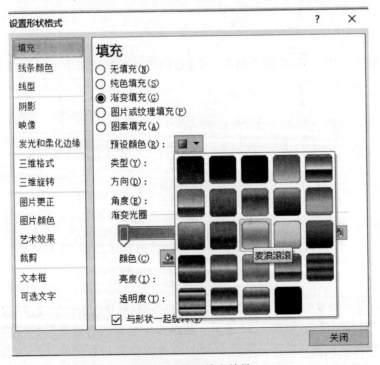

图 2.22 设置填充效果

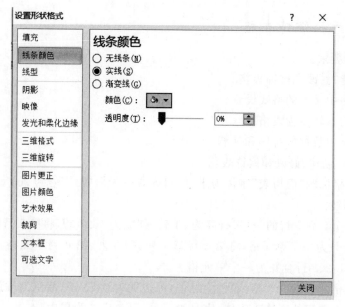

图 2.23　设置线条颜色

实践效果如图 2.24 所示。

实践内容 4：文本框

在任意位置添加一个无边框横排文本框,其中的文字为
"我和我的祖国",文字的格式为宋体,四号字,颜色为红色。

操作步骤:

① 在功能区用户界面的【插入】→【文本】组→【文本
框】→【绘制文本框】中,单击鼠标左键并拖动至合适大小,
松开鼠标左键,即可在文档中插入横排文本框。将光标定位在文本框内,就可以在文本框中
输入文字。输入完毕,设置文字的格式为宋体,四号字,颜色为红色。

图 2.24　自选图形

② 选定要设置格式的文本框,在【绘图工具】的【形状样式】形状轮廓中,选择"无轮廓",
就可以去掉文本框的边框,如图 2.25 所示。

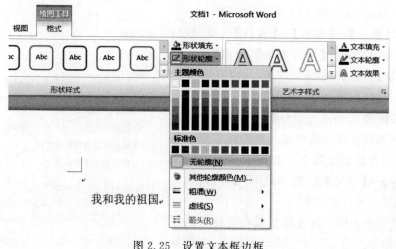

图 2.25　设置文本框边框

上机实践指导

实践四　添加和修饰表格

实践目的和要求：

1. 掌握创建、修改和修饰表格。
2. 掌握表格中文本的格式设置。
3. 掌握将文本转换为表格。
4. 掌握表格中数据的排序和计算。

实践内容 1：创建、修改和修饰表格

（1）设置表格标题"简历表"字体为隶书，对齐方式为居中，字号为20，字形为粗体，下画线线型为双下画线。

（2）插入一个7列3行的表格，行高为34磅，列宽为56.7磅，将第2行第4列、第5列、第6列单元格合并为一个单元格，将第3行第4列、第5列、第6列单元格合并为一个单元格，将第7列第1、2、3行合并为一个单元格。

（3）设置表格外边框为3磅，颜色为红色，内边框为0.75磅，颜色为黄色。

（4）设置表内文字的字体为宋体，字号为五号，对齐方式为居中。

（5）请参照图2.26的样张填写每个单元格内的文字。

简历表

姓名	张萌	性别	女	年龄	28	照片
单位	师范学院	电话	0411-84106661			
文化程度	硕士	专业	计算机科学与技术			

图 2.26　样张

操作步骤：

① 使用【开始】→【字体】组，启动【字体】对话框，可对表格的标题"简历表"进行格式设置。

② 将光标定位在需要插入表格的位置。

③ 选择【插入】→【表格】→【表格】选项，然后在弹出下拉列表中选择【插入表格】，弹出【插入表格】对话框，在【行数】中输入3，在【列数】中输入7，单击【确定】按钮，如图2.27所示。

④ 把鼠标放在要插入信息的单元格中，单击鼠标左键，可直接在单元格中输入所需的信息。在表格中可以像在普通文档中一样编辑表格中的文本。在【开始】→【字体】组，启动【字体】对话框，可对表格中的文字进行格式编辑。

⑤ 选定整个表格。将光标定位在表格中的任意位置。表格左上角出现一个移动控制点，当鼠标

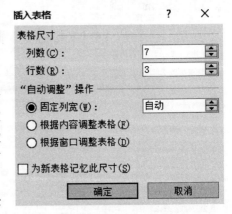

图 2.27　插入表格对话框

指针指向该移动控制点时,鼠标指针变成✛状,单击鼠标左键,或者在【布局】选项卡【表】组中选择【选择】→【选择表格】命令,即可选定整个表格。【表格工具】上下文工具如图 2.28 所示。只要将光标定位在表格任意位置就会出现表格的【设计】和【布局】选项卡。

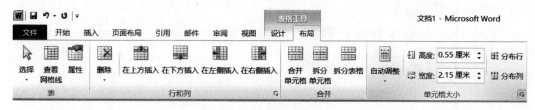

图 2.28　表格布局选项卡

　　⑥ 设定行高和列宽。首先选定整个表格,在【布局】选项卡中设定行高和列宽。或者右击,从弹出的快捷菜单中选择【表格属性】命令,打开【表格属性】对话框,选择【行】选项卡,在【指定高度】中输入 34 磅,如图 2.29 所示。选择【列】选项卡,在【指定高度】中输入 56.7 磅,如图 2.30 所示,单击【确定】按钮。

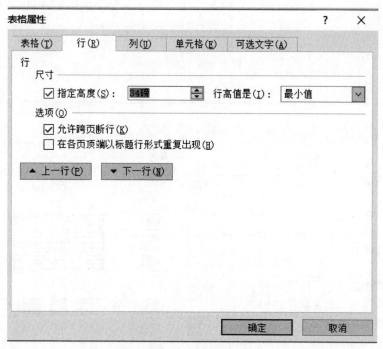

图 2.29　设置行高

　　⑦ 合并单元格。选中单元格第 2 行第 4 列、第 5 列、第 6 列,然后在【布局】选项卡中,单击【合并】组中的【合并单元格】按钮,或者右击,从弹出的快捷菜单中选择【合并单元格】命令,即可清除所选定单元格之间的分隔线,使其成为一个大的单元格。

　　⑧ 边框设置。首先将光标定位在要添加边框和底纹的表格中。在【设计】选项卡【表样式】组中单击【边框】按钮,或者右击,从弹出的快捷菜单中选择【边框和底纹】命令,打开【边框和底纹】对话框,选择【边框】选项卡,如图 2.31 所示。

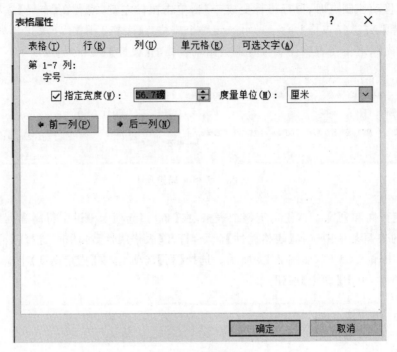

图 2.30　设置列宽

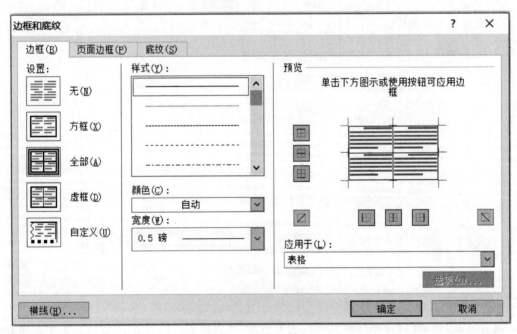

图 2.31　边框选项卡

⑨ 设置外边框。在边框选项卡【设置】选区中选择"无",把整个表格的边框都去掉,然后在【样式】列表框中选择默认样式;【颜色】选择"红色",【宽度】选择 3.0 磅;在【预览】区单击上下左右四个按钮;即可设置好外边框,如图 2.32 所示。

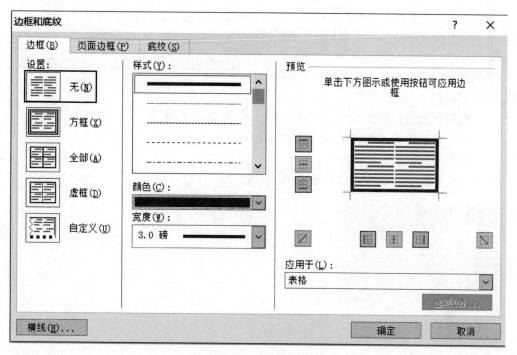

图 2.32　设置外边框

⑩ 设置内边框。接着步骤⑧的操作界面,【颜色】选择"黄色",【宽度】选择 0.75 磅;在【预览】区单击 ▦ 和 ▦ 按钮;即可设置好内边框,如图 2.33 所示。设置完成后,单击【确定】按钮。

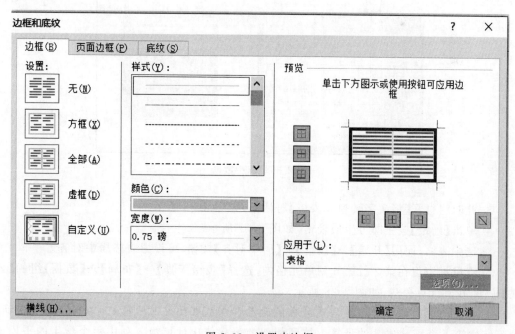

图 2.33　设置内边框

第
二
部
分

上机实践指导

⑪ 选定整个表格。在【布局】→【对齐方式】组设置文本的对齐方式为【水平垂直居中】,如图 2.34 所示。

实践内容 2:文本转换成表格,表格中的数据计算、排序

图 2.34 对齐方式

（1）将提供的数据转换为 6 行 6 列的表格,设置表格居中。

（2）计算各学生的平均成绩（使用 AVERAGE 函数）。

（3）按"平均成绩"列降序排序。

（4）表格底纹设置为"白色,背景 1,深色 15%"。

姓名	数学	外语	政治	语文	平均成绩
王立	98	87	89	87	
李萍	87	78	68	90	
柳万全	90	85	79	89	
顾升泉	95	89	82	93	
周理京	85	87	90	95	

操作步骤:

① 首先选中要转换为表的数据。

② 选择【插入】→【表格】→【文本转换成表格】选项,如图 2.35 所示。

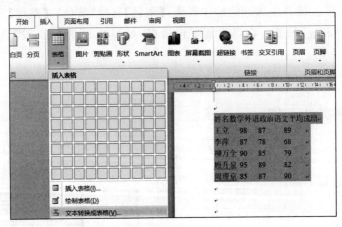

图 2.35 选中数据

③ 此时将打开【将文字转换成表格】对话框,如图 2.36 所示。

④ 单击【确定】按钮即可生成表格,如图 2.37 所示。

⑤ 选中表格,使用【开始】→【段落】→【居中对齐】按钮,可设置表格居中对齐。

⑥ 将鼠标定位在第 2 行第 6 列单元格内,选择【表格工具】→【布局】→【数据】组的【公式】按钮,找到计算公式,如图 2.38 所示。

⑦ 在【公式】对话框中设置公式计算的函数、参数,如图 2.39 所示。单击【确定】按钮,即可完成第一个平均成绩的计算。按照相似的步骤依次计算第 6 列中每个学生的平均成绩,如图 2.40 所示。

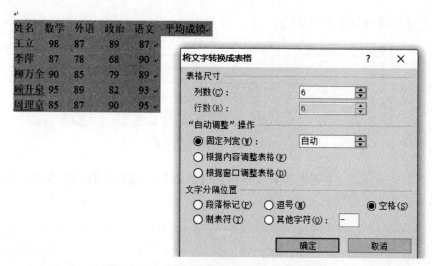

图 2.36 "将文字转换成表格"对话框设置

姓名	数学	外语	政治	语文	平均成绩
王立	98	87	89	87	
李萍	87	78	68	90	
柳万全	90	85	79	89	
顾升泉	95	89	82	93	
周理京	85	87	90	95	

图 2.37 文字转换成了表格

图 2.38 计算公式

姓名	数学	外语	政治	语文	平均成绩
王立	98	87	89	87	
李萍	87	78	68	90	
柳万全	90	85	79	89	
顾升泉	95	89	82	93	
周理京	85	87	90	95	

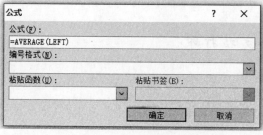

图 2.39 设置函数及其参数

⑧ 计算结果如图 2.40 所示。

姓名	数学	外语	政治	语文	平均成绩
王立	98	87	89	87	90.25
李萍	87	78	68	90	80.75
柳万全	90	85	79	89	85.75
顾升泉	95	89	82	93	89.75
周理京	85	87	90	95	89.25

图 2.40　函数运算结果

⑨ 选中表格,单击【表格工具】→【布局】→【数据】组→【排序】按钮,在弹出的【排序】对话框中,进行排序关键字的设置,如图 2.41 所示。

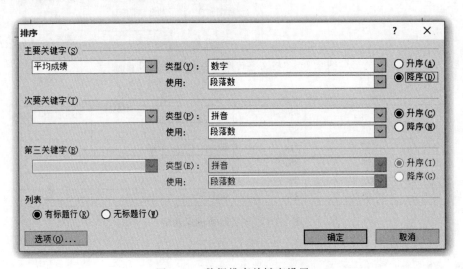

图 2.41　数据排序关键字设置

⑩ 单击【确定】按钮,完成排序,结果如图 2.42 所示。

姓名	数学	外语	政治	语文	平均成绩
王立	98	87	89	87	90.25
顾升泉	95	89	82	93	89.75
周理京	85	87	90	95	89.25
柳万全	90	85	79	89	85.75
李萍	87	78	68	90	80.75

图 2.42　排序结果

实践五　页面设置和文档打印

实践目的和要求:

1. 掌握页面格式的设置方法和操作。

2. 掌握页眉和页脚的设置方法和操作。

实践内容 1:页面格式

文档页面设置:A4 纸,将文档的页边距设为上下各为 2 厘米,左右各为 3 厘米。设置艺术型页面边框。

操作步骤：

① 可以使用【页面布局】选项卡进行页面设置，如图 2.43 所示。

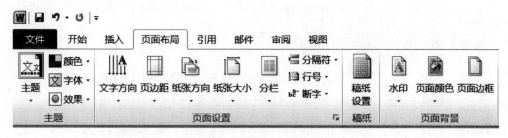

图 2.43 【页面布局】选项卡

单击【页面布局】→【页面设置】→【页边距】→【自定义边距】选项，弹出【页面设置】对话框，打开【页边距】选项卡。在【页边距】选项卡中的【上】【下】【左】【右】微调框中分别输入页面边缘的设定值，如图 2.44 所示。

② 在【页面设置】对话框中选择【纸张】选项卡。在【纸张】下拉列表中选择相应的纸张型号 A4。单击【确定】按钮返回文档。

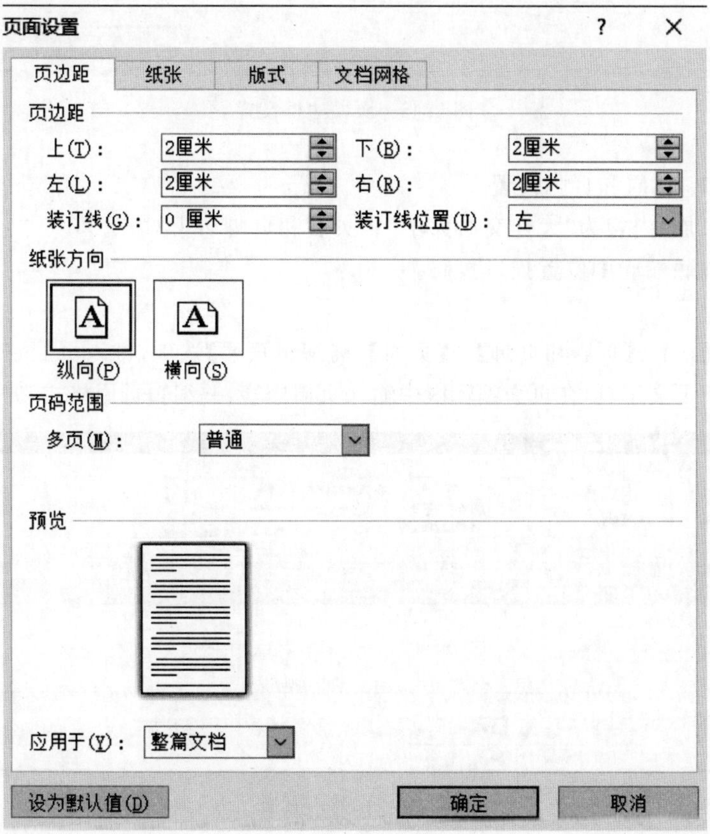

图 2.44 页边距设置

③ 单击【页面布局】→【页面背景】→【页面边框】,弹出【边框和底纹】对话框,打开【页面边框】选项卡。在【艺术型】中选择某一图形作为页面边框即可,在右侧的【预览】中也能预览其效果,如图 2.45 所示。

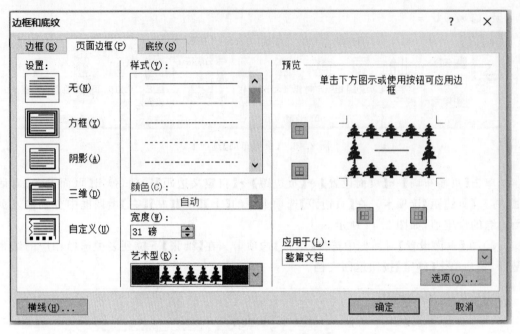

图 2.45　页面边框设置

实践内容 2：页眉和页脚设置

(1) 设置页眉,内容为"大连交通大学"。页眉和页脚居中对齐。

(2) 在页面底端居中位置插入页码。

操作步骤：

① 单击【插入】→【页眉和页脚】→【页眉】→【编辑页眉】选项,进入页眉编辑区,同时打开【页眉和页脚】上下文工具,在页眉编辑区中输入页眉内容,并编辑页眉格式,如图 2.46 所示。

图 2.46　插入页眉

② 插入页码。选择【插入】→【页眉和页脚】→【页码】→【页面底端】→【普通数字 2】选项,即可在文档中插入页码,如图 2.47 所示。

图 2.47 插入页码

提示：要删除一个页眉或页脚时，Word 会自动删除整个文档中同样的页眉或页脚。要删除文档中某个部分的页眉或页脚，可将文档分成节，然后断开各节的连接，再删除页眉或页脚。

实践六　使用项目符号和编号

实践目的和要求：掌握项目符号或编号的设置方法和操作。

实践内容：设置项目符号

生活中的理想温度应该是：

居室温度保持在 20～25℃；

饭菜的温度为 46～58℃；

冷水浴水的温度为 19～21℃；

阳光浴的温度为 15～30℃。

在上面的文档中，从"居室温度……"开始添加项目符号。

操作步骤：

选择要添加项目符号的段落。选择【开始】→【段落】组，单击【项目符号】按钮 并 右侧的下三角按钮，弹出【项目符号库】下拉列表，选中要添加的符号即可，如图 2.48 所示。

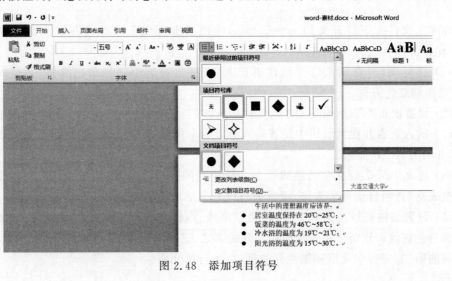

图 2.48　添加项目符号

实践七 综合练习

实践练习 1：Word 文字处理

题号：19271

请在打开的窗口中进行如下操作，操作完成后，请保存文档并关闭 Word 应用程序。

说明：文件中所需要的指定图片在考试文件夹中查找。

考试文件夹可以通过单击客户端主页面上方的考生目录路径链接进入。

考试文件不要另存到其他目录下或修改考试文件的名字。

试对考生文件夹下 word.docx 文档中的文字进行编辑、排版和保存，具体要求如下：

（1）将标题段（B2C 电子商务模式）设置为四号蓝色黑体、居中；倒数第七行文字（表9.1 传统零售业与电子零售业的差异）设置为四号、居中、绿色边框、黄色底纹。

（2）为第一段（B2C 电子商务，……销售额的产品具有以下特点：）和最后一段（如果产品或服务……提供亲自接触汽车的机会。）间的七行设置项目符号●。

（3）设置页眉为"B2C 电子商务模式"，字体为小五号宋体。

（4）将最后面的 6 行文字转换为一个 6 行 3 列的表格。设置表格居中，表格中所有文字水平居中。

（5）设置表格外框线为 1.5 磅蓝色单实线，内框线为 1 磅蓝色单实线。

实践练习 2：Word 文字处理

题号：19307

请在打开的窗口中进行如下操作，操作完成后，请保存文档并关闭 Word 应用程序。

说明：文件中所需要的指定图片在考试文件夹中查找。

考试文件夹可以通过单击客户端主页面上方的考生目录路径链接进入。

考试文件不要另存到其他目录下或修改考试文件的名字。

在考生文件夹下打开文档 word.docx，按照要求完成下列操作并以该文件名（word.docx）保存文档。

（1）将标题段（奇瑞 QQ 全线优惠扩大）文字设置为小二号黄色黑体、字符间距加宽 3 磅，并添加红色方框。

（2）设置正文各段落（奇瑞 QQ 是目前……个性与雅趣。）左右各缩进 2 字符，行距为 18 磅。

（3）插入页眉并在页眉居中位置输入小五号宋体文字"车市新闻"。设置页面纸张大小为 16 开(18.4×26 厘米)。

（4）将文中后 7 行文字转换成一个 7 行 6 列的表格，设置表格居中，并以"根据内容自动调整表格"选项自动调整表格，设置表格所有文字水平居中。

（5）设置表格外框线为 0.75 磅蓝色双窄线、内框线为 0.5 磅蓝色单实线；设置表格第一行为黄色底纹；分别合并表格中第三列的第二、三行单元格，第四列的第二、三行单元格，第五列的第二、三行单元格和第六列的第二、三行单元格。

实践练习 3：Word 文字处理

题号：19278

请在打开的窗口中进行如下操作，操作完成后，请保存文档并关闭 Word 应用程序。

说明：文件中所需要的指定图片在考试文件夹中查找。

考试文件夹可以通过单击客户端主页面上方的考生目录路径链接进入。

考试文件不要另存到其他目录下或修改考试文件的名字。

在考生文件夹下打开文档 word.docx，按照要求完成下列操作并以该文件名（word.docx）保存文档。

（1）将文中所有错词"北平"替换为"北京"；设置上、下页边距各为 3 厘米。

（2）将标题段文字（2009 年北京市中考招生计划低于 10 万人）设置为蓝色（标准色）、三号仿宋、加粗、居中，并添加绿色（标准色）方框。

（3）设置正文各段落（晨报讯……招生计划的 30%。）左右各缩进 1 字符，首行缩进 2 字符，段前间距 0.5 行；将正文第二段（而今年中考考试……保持稳定。）分为等宽两栏并栏间添加分隔线（注意：分栏时，段落范围包括本段末尾的回车符）。

（4）将文中后 9 行文字转换成一个 9 行 4 列的表格，设置表格居中、表格列宽为 2.5 厘米、行高为 0.7 厘米；设置表格中第一行和第一列文字水平居中，其余文字中部右对齐。

（5）按"在校生人数"列（依据"数字"类型）降序排列表格内容；设置表格外框线和第一行与第二行间的内框线为 3 磅绿色（标准色）单实线，其余内框线为 1 磅绿色（标准色）单实线。

样张：

年份	招生人数	毕业生人数	在校生人数
2001	166174	149442	525844
2002	156001	168808	510055
2003	123666	177606	453446
2004	100490	166417	386511
2007	111772	108682	332959
2008	107494	104702	325117
2005	93048	156388	321585
2006	90722	124250	288298

实践练习 4：Word 文字处理

题号：19269

请在打开的窗口中进行如下操作,操作完成后,请保存文档并关闭 Word 应用程序。

说明：文件中所需要的指定图片在考试文件夹中查找。

考试文件夹可以通过单击客户端主页面上方的考生目录路径链接进入。

考试文件不要另存到其他目录下或修改考试文件的名字。

在考生文件夹下打开文档 word. docx,按照要求完成下列操作并以该文件名（word. docx）保存文档。

(1) 将标题段文字（谨慎对待信用卡业务外包）文字设置为楷体、三号字、加粗、居中并加"字下画线"。将倒数第八行文字设置为三号字、居中。

(2) 设置正文各个段落（如果一家城市商业银行……更不可完全照搬。）悬挂缩进 2 字符、行距为 1.3 倍,段前和段后间距各 0.5 行。

(3) 将正文第二段（许多已经……不尽如人意。）分为等宽的两栏,栏宽为 18 字符,栏中间加分隔线；首字下沉 2 行。

(4) 将倒数第一行到第七行的文字转换为一个 7 行 4 列的表格,第四列列宽设为 4.5 厘米。设置表格居中,表格中所有文字靠下居中,并设置表格行高为 0.8 厘米。

(5) 设置表格外框线为 3 磅红色单实线,内框线为 1 磅黑色单实线,其中第一行的底纹设置为灰色 25%。

实践练习 5：Word 文字处理

题号：19427

请在打开的窗口中进行如下操作,操作完成后,请保存文档并关闭 Word 应用程序。

说明：文件中所需要的指定图片在考试文件夹中查找。

考试文件夹可以通过单击客户端主页面上方的考生目录路径链接进入。

考试文件不要另存到其他目录下或修改考试文件的名字。

在考生文件夹下,打开文档 word. docx,按照要求完成下列操作并以该文件名（word. docx）保存文档。

(1) 将标题段文字（可怕的无声环境）设置为三号红色（红色 255、绿色 0、蓝色 0）仿宋、加粗、居中、段后间距设置为 0.5 行。

(2) 给全文中所有"环境"一词添加单波浪下画线；将正文各段文字（科学家曾做过……身心健康。）设置为小四号宋体（正文）；各段落左右各缩进 0.5 字符；首行缩进 2 字符。

(3) 将正文第一段（科学家曾做过……逐渐走向死亡的陷阱。）分为等宽两栏,栏宽 20 字符、栏间加分隔线。注意：分栏时,段落范围包括本段末尾的回车符。

(4) 制作一个 5 列 6 行表格放置在正文后面。设置表格列宽为 2.5 厘米、行高 0.6 厘米、表格居中；设置表格外框线为红色(红色 255、绿色 0、蓝色 0，下同)3 磅单实线、内框线为红色 1 磅单实线。

(5) 再对表格进行如下修改：合并第 1、2 行第 1 列单元格，并在合并后的单元格中添加一条红色 1 磅单实线的对角线(使用边框内的斜下框线添加)；合并第 1 行第 2、3、4 列单元格；合并第 6 行第 2、3、4 列单元格，并将第 6 行合并后的单元格均匀拆分为 2 列(修改后仍保持内框线为红色 1 磅单实线)；设置表格第 1、2 行为绿色(红色 175、绿色 255、蓝色 100)底纹。

实践练习 6：Word 文字处理

题号：19255

请在打开的窗口中进行如下操作，操作完成后，请保存文档并关闭 Word 应用程序。

说明：文件中所需要的指定图片在考试文件夹中查找。

考试文件夹可以通过单击客户端主页面上方的考生目录路径链接进入。

考试文件不要另存到其他目录下或修改考试文件的名字。

----

1. 在考生文件夹下，打开文档 word1.docx，按照要求完成下列操作并以该文件名(word1.docx)保存文档。

(1) 将标题段文字("星星连珠"会引发灾害吗?)设置为蓝色小三号宋体、加粗、居中。

(2) 设置正文各段落("星星连珠"时，……可以忽略不计。)左右各缩进 0.5 字符、段后间距 0.5 行。

(3) 将正文第一段("星星连珠"时，……特别影响。)分为等宽的两栏、栏间距为 0.54 字符。

2. 在考生文件夹下，打开文档 word2.docx，按照要求完成下列操作并以该文件名(word2.docx)保存文档。

(1) 在表格最右边插入一列，输入列标题"实发工资"，并计算出各职工的实发工资(用函数，参数为 LEFT)。

(2) 设置表格居中、表格列宽为 2 厘米，行高为 0.6 厘米、表格所有内容水平居中；设置表格所有框线为 0.75 磅红色双窄线。

第 3 章　Excel 2010 实践指导

实践一　建立学生成绩统计表

实践目的和要求：

1. 建立学生成绩统计表。

2. 计算总分。

3. 添加表格线。

4. 打印并保存报表。

实践内容 1：输入如图 3.1 所示的内容并保存

保存在 D 盘，工作簿文件名是学生成绩. xlsx。

	A	B	C	D	E	F	G
1							
2		学生成绩表					
3							
4		姓名	性别	高等数学	大学英语	计算机基础	总分
5		李博	男	89	86	80	
6		程晓霞	女	79	75	86	
7		马晓军	男	90	92	88	
8		李梅	女	69	95	97	
9		丁一平	男	69	74	70	
10							

图 3.1　学生成绩统计表

操作步骤：

① 启动 Excel 2010，Excel 会自动新建一个名为【工作簿 1】的工作簿文件。Excel 2010 的工作界面主要由"文件"菜单、标题栏、快速访问工具栏、功能区、编辑栏、工作表格区、滚动条和状态栏等元素组成。

② 在当前【工作簿 1】中输入学生成绩表中的数据。

③ 第一次保存文件，单击【快速访问工具栏】中 🖫 按钮，出现【另存为】对话框，在该对话框中选择保存的位置 D 盘；然后输入文件的名字"学生成绩"，单击【保存】按钮即可，如图 3.2 所示。

图 3.2　保存学生成绩表

实践内容 2：求和及添加表格线

（1）计算每个同学的总分。

（2）对 B4:G9 添加表格线。

操作步骤：

① 用拖动鼠标选择需要计算总分的区域，即 D4:G9，如图 3.3 所示。

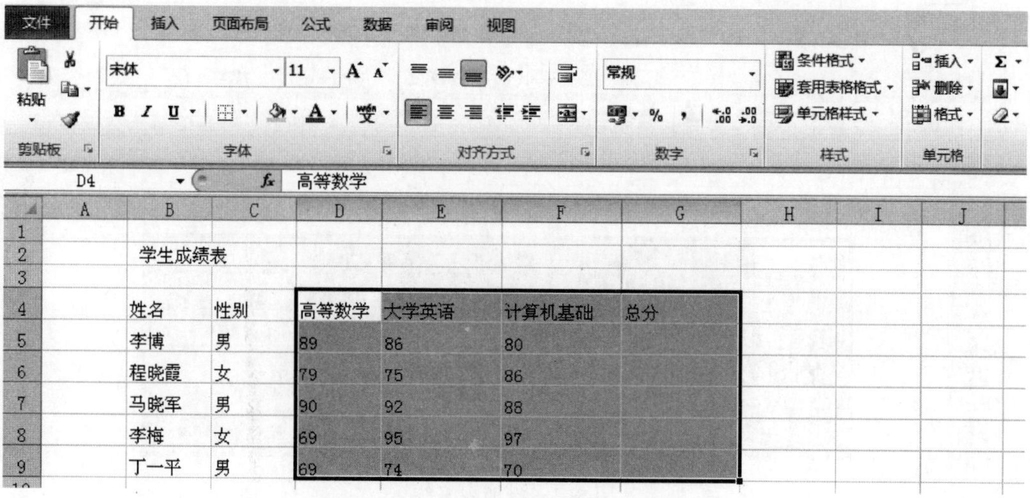

图 3.3　选择计算总分的区域

② 单击功能区中【公式】的按钮 **Σ**，计算立刻完成，结果如图 3.4 所示。

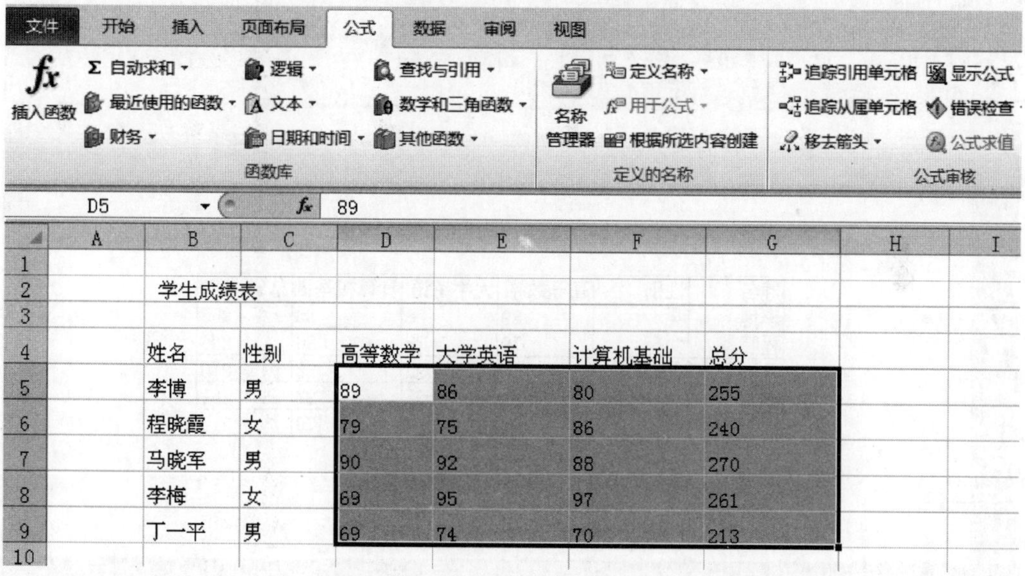

图 3.4　自动求和

③ 用拖动鼠标选择 B4:G9。单击【开始】→【字体】→【按钮 ⊞ ·】右侧三角→【所有框线】，给选择区域加上表格线，如图 3.5 所示。

实践内容 3：打印预览

对添加表格线的成绩表打印预览。

操作步骤：

单击【文件】→【打印】→【打印预览】，弹出【打印预览】窗口，如图 3.6 所示。

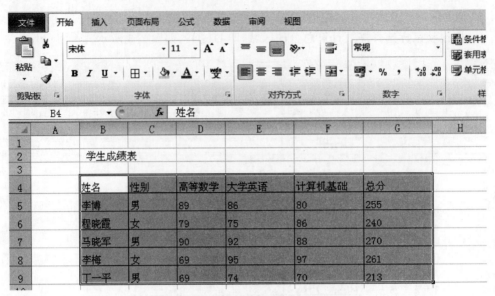

图 3.5　添加表格线

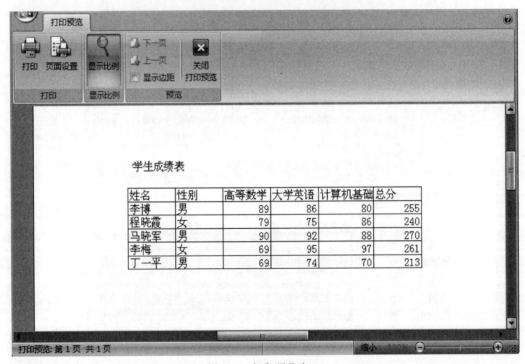

图 3.6　打印预览窗口

实践二　输入与编辑数据

实践目的和要求：对工作表进行格式化操作，使其更加美观。

1. 输入指定格式的数据。

2. 删除和更改数据。

3. 复制和移动数据。

4. 自动填充数据。

实践内容1：在"学生成绩.xlsx"中表格第1列的左侧插入一列，输入如下数据

学号
0001
0002
0003
0004
0005

操作步骤：

① 在 Excel 2010 中可将数据分为文本、数字这两种数据格式。正常情况下 0001 在输入后认为是数字，Excel 2010 会自动把前面的 0 去掉，输入只能是 1，要想输入 0001，要把数据的格式设置为文本。

② 拖动鼠标选中单元格 A5：A9，选择【开始】→【数字】，单击【数字】右下侧的按钮 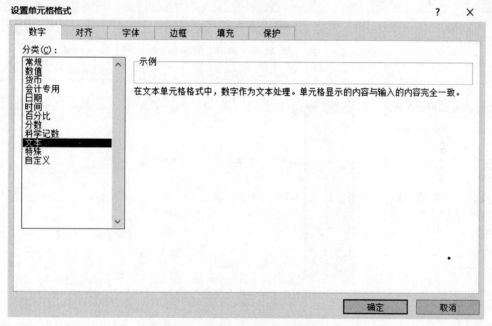，弹出【设置单元格格式】对话框，在【数字】页面选择【文本】格式，然后单击【确定】按钮，如图 3.7 所示。

图 3.7　设置单元格格式对话框

③ 把单元格 A5：A9 设置为文本后，就可以输入 0001-0005 了。

实践内容2：删除和更改数据

操作步骤：

① 要删除单元格中的数据，可以先选中该单元格，然后按 Del 键；要删除多个单元格中

的数据,则可同时选定多个单元格,然后按 Del 键。

② 如果想要完全地控制对单元格的删除操作,只使用 Del 键是不够的。在【开始】→【编辑】组中,单击【清除】按钮 ,在弹出的快捷菜单中选择相应的命令,即可删除单元格中的相应内容。

③ 如果单元格中包含大量的字符或复杂的公式,而用户只想修改其中的一部分,那么可以按以下两种方法进行编辑:双击单元格,或者单击单元格后按 F2 键,在单元格中进行编辑。单击单元格,然后单击公式栏,在公式栏中进行编辑。

实践内容 3:复制和移动数据

在学生成绩表中将"姓名"一列移到"性别"一列之后。

操作步骤:

① 移动或复制单元格区域数据的方法基本相同,选中单元格数据后,在【开始】选项卡的【剪贴板】组中单击【复制】按钮 或【剪切】按钮 ,然后单击要粘贴数据的位置并在【剪贴板】组中单击【粘贴】按钮 ,即可将单元格数据移动或复制到新位置。但是单元格有合并的不能整体进行剪切。

② 首先选择 D 列,然后选择【开始】→【单元格】组→【插入】→【插入单元格】,也就是在性别后插入一空列,如图 3.8 所示。

图 3.8　插入空列

③ 选择 B4:B9 单元格,单击【剪贴板】组→【剪切】按钮 ;选择 D4:D9 单元格单击【剪贴板】组→【粘贴】按钮 ;再选择 B4:B9 单元格,右击,在右键菜单中选择【删除】,弹出【删除】对话框(如图 3.9 所示),选择【右侧单元格左移】,单击【确定】按钮,即可实现数据的移动。

实践内容 4:自动填充数据

在学生成绩表中使用自动填充功能,在"学号"一列 A10:A14 区域中填充 0006-0010。

图 3.9　删除对话框

操作步骤：

① 在学生成绩表中选中 A5：A9，然后用鼠标拖动填充柄（位于选定区域右下角的小黑色方块。将鼠标指针指向填充柄时，鼠标指针更改为黑色十字形状），按住左键向下拖动经过需要填充数据的单元格 A10：A14 区域后释放鼠标即可，如图 3.10 所示。

图 3.10　自动填充左键拖动

提示：也可以单击【开始】→【编辑】组→【填充】按钮旁的倒三角按钮，在弹出的快捷菜单中选择【系列】命令，打开【系列】对话框，然后在对话框中设置填充参数以填充数据。

实践三　管理工作表与工作簿

实践目的和要求：在利用 Excel 进行数据处理的过程中，经常需要对工作簿和工作表进行适当的处理，例如插入和删除工作表等。

1. 插入工作表。

2. 删除工作表。

3. 重命名工作表。

4. 移动及复制工作表。

实践内容 1：插入工作表

默认情况下工作簿包括了 3 个工作表 sheet1、sheet2 和 sheet3。有时需要向工作簿添加一个或多个工作表。在工作簿文件学生成绩.xlsx 中插入一个新的工作表。

操作步骤：

打开工作簿文件学生成绩.xlsx，选择【开始】→【单元格】组→【插入】→【插入工作表】，这样就插入了一个新的工作表。

实践内容 2：删除工作表

在工作簿文件学生成绩.xlsx 中删除刚插入的新工作表 sheet4。

操作步骤：

打开工作簿文件学生成绩.xlsx，选定 sheet4，选择【开始】→【单元格】组→【删除】→【删除工作表】，这样就删除了一个工作表。

实践内容 3：重命名工作表

在工作簿文件学生成绩.xlsx 中将工作表 sheet1 重命名为"学生成绩"。

操作步骤：

要改变 sheet1 工作表的名称，只需双击选中的工作表标签或者右击选择【重命名】，这时工作表标签以反白显示，在其中输入新的名称"学生成绩"，然后按下 Enter 键，如图 3.11 所示。

图 3.11　重命名工作表

实践内容 4：在工作簿内移动或复制工作表

操作步骤：

在同一工作簿内移动或复制工作表的操作方法非常简单，只需选择要移动的工作表，然后沿工作表标签行拖动选定的工作表标签即可；如果要在当前工作簿中复制工作表，则需要在按住 Ctrl 键的同时拖动工作表，并在目的地释放鼠标，然后松开 Ctrl 键即可。

实践四　格式化工作表

实践目的和要求：对工作表进行格式化操作，使其更加美观。

1. 设置单元格格式。

2. 调整行高与列宽。

3. 使用条件格式。

4. 创建页眉与页脚。

5. 添加批注。

实践内容 1：设置单元格数据类型、文本的对齐方式和字体、单元格的边框和图案等

对学生成绩工作表进行格式化：

(1) 标题：黑体，字号：18，加粗，跨列居中，加单下画线。

(2) 设置 A4:G4 单元格水平对齐方式为居中、字号为 14、字形为加粗。

(3) 表格中数据单元格区域设置：数值格式，2 位小数，右对齐。

(4) 设置 A2:G9 单元格外边框为红色双实线，内部蓝色细实线。

操作步骤：

① 打开工作簿文件学生成绩.xlsx，选中标题单元格 A2:G2。可直接通过【开始】选项卡中的按钮来进行格式设置，如设置字体、对齐方式、数字格式等。选择【开始】→【字体】组→【字体】右下角的 按钮，弹出【设置单元格格式】对话框。在【字体】标签页，设置【字体】是加粗；【字形】是粗体；【字号】是 18；【下画线】是单下画线；在【对齐】标签页，【水平对齐】选择跨列居中。单击【确定】按钮，如图 3.12 所示。

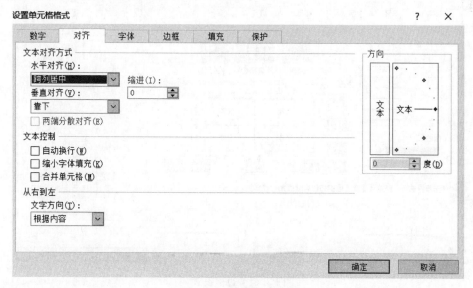

图 3.12　对齐方式设置

② 选择 A4:G4 单元格,打开【设置单元格格式】对话框。在【字体】标签页,【字形】选择加粗;【字号】是 14;在【对齐】标签页,【水平对齐】选择居中,单击【确定】按钮。

③ 选择 D5:G9 单元格,打开【设置单元格格式】对话框。在【数字】标签页,【分类】选择数值;【小数位数】是 2;单击【确定】按钮,如图 3.13 所示。

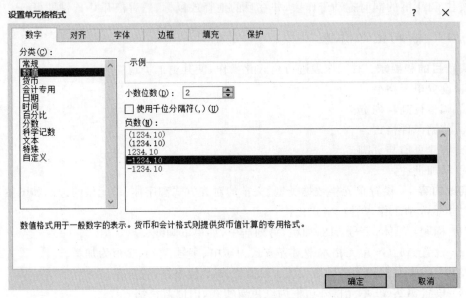

图 3.13　小数位数设置

④ 选择 A2:G9 单元格,打开【设置单元格格式】对话框。在【边框】标签页,选择【样式】为双实线;选择【颜色】为红色;单击【边框】中的四个外边框按钮;然后选择【样式】为单实线;选择【颜色】为蓝色;单击【边框】中的两个内线按钮;单击【确定】按钮,如图 3.14 所示。

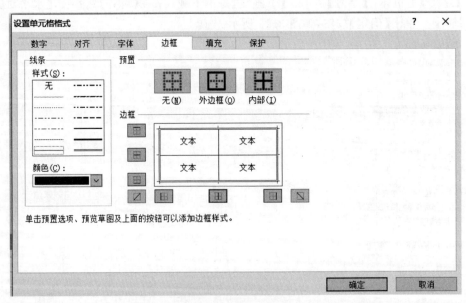

图 3.14　边框设置

实践内容 2：设置行高和列宽

设置学生成绩工作表 D、E、F 列宽度为 12；4～9 行高度为 20。

操作步骤：

打开工作簿文件学生成绩.xlsx，首先选择 D、E、F 三列，选择【开始】→【单元格】组→【列宽】，弹出【列宽】对话框，在【列宽】中输入 12。如图 3.15 和图 3.16 所示。行高的设置与列宽相似。

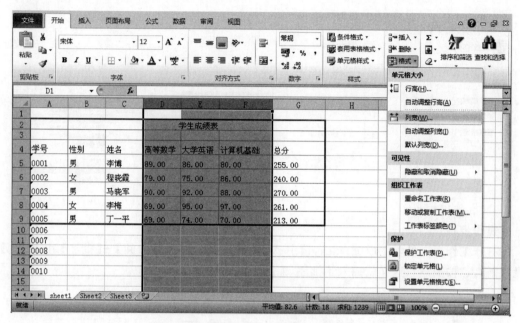

图 3.15　选择列宽

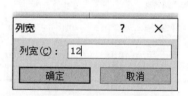

图 3.16　列宽对话框

实践内容 3：使用条件格式

将学生成绩工作表中的数据在 90 以上的值设置为：底纹：浅黄色；字体颜色：红色。

操作步骤：

① 打开学生成绩表选中 D5：F9 单元格，单击【开始】→【样式】组→【条件格式】→【突出显示单元格规则】→【大于】，在弹出的【大于】对话框中输入 90；在【设置为】中选择自定义格式，如图 3.17 所示。

② 在弹出的【设置单元格格式】对话框中，在【字体】标签页【颜色】中选择红色，在【填充】标签页【其他颜色】中选择浅黄色。

实践内容 4：添加批注

在学生成绩工作表中为 A4 单元格添加批注，内容为"按顺序"。

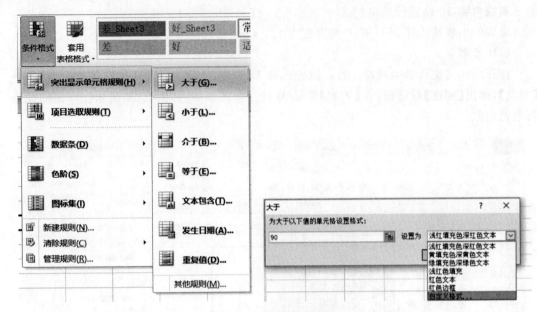

图 3.17　条件格式设置

操作步骤：

打开工作簿文件学生成绩.xlsx，选中 A4 单元格，然后选择【审阅】→【批注】组→【新建批注】输入"按顺序"，这样就插入了批注，如图 3.18 所示。

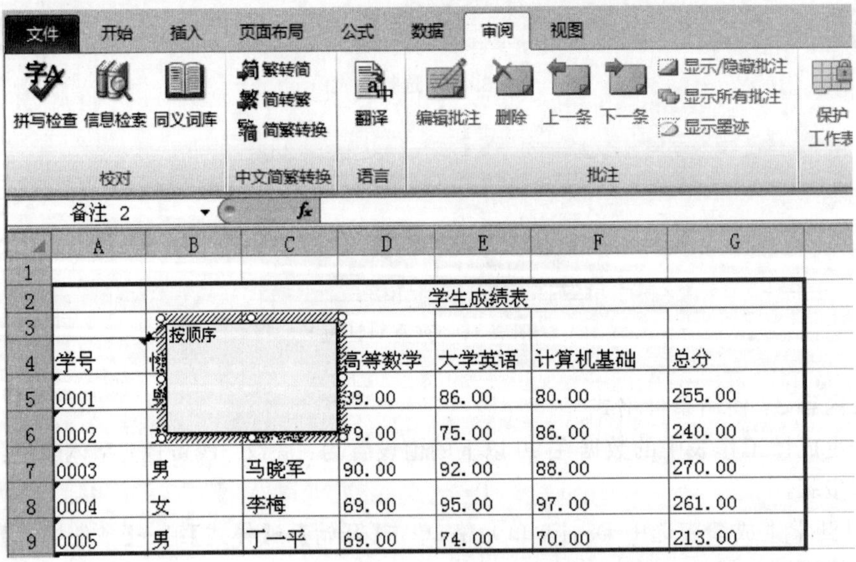

图 3.18　添加批注

实践内容 5：创建页眉和页脚

为学生成绩工作表创建页眉和页脚，页眉为"学生成绩表"，页脚为页码。

操作步骤：

① 打开工作簿文件学生成绩.xlsx，选择【插入】→【文本】组→【页眉和页脚】；弹出【页

眉和页脚】的设计选项卡,通过【设计】选项卡的【页眉和页脚元素】组中的按钮来完成,如图 3.19 所示。

图 3.19　页眉和页脚元素的设计选项卡

　　② 在页眉处输入页眉内容"学生成绩表",然后单击【导航】→【转至页脚】,这时鼠标位于页脚处,然后单击【页眉和页脚元素】→【页码】。
　　③ 实践一、二、三、四的效果图如图 3.20 所示。

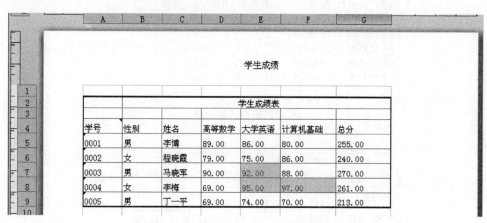

图 3.20　实践一、二、三、四的效果图

实践五　数据计算

实践目的和要求:利用 Excel 2010 公式和函数进行分析和处理数据。

1. 公式的基本操作(乘法、除法等)。

2. 函数的基本操作(AVERAGE、MAX、COUNT、COUNTIF、IF、RANK 等)。

实践内容 1:公式的使用—单元格的相对引用

利用公式计算单元格 E3:E7 的"金额"=单价 * 销售数量,如图 3.21 所示。

操作步骤:

　　① 选中输入公式的单元格 E3。

　　② 输入等号"="。

　　③ 在单元格或者编辑栏中输入公式具体内容"=C3 * D3"。

　　④ 按 Enter 键,完成公式的创建。在 E3 单元格内将显示该公式运算的结果。

　　⑤ 选中 E3 单元格,当光标位于单元格的右下角变成细十字时,拖动左键把公式复制到 E4 至 E7 中,计算完成。

　　⑥ 公式的输入和运算结果如图 3.22 和图 3.23 所示。

上机实践指导

	A	B	C	D	E	F
1	某公司销售统计					
2	产品名称	规格	销售数量	单价	金额	
3	打印机	AR3240	12	2650		
4	打印机	CR-3240	5	2870		
5	计算机	586/400	7	4670		
6	计算机	586/666	3	5600		
7	计算机	586/600	6	6200		
8						

图 3.21　销售统计表

AVERAGE ▼ ✕ ✓ fx =C3*D3

	A	B	C	D	E	F
1	某公司销售统计					
2	产品名称	规格	销售数量	单价	金额	
3	打印机	AR3240	12	2650	=C3*D3	
4	打印机	CR-3240	5	2870		
5	计算机	586/400	7	4670		
6	计算机	586/666	3	5600		
7	计算机	586/600	6	6200		
8						

图 3.22　公式输入图

E3 ▼ fx =C3*D3

	A	B	C	D	E	F
1	某公司销售统计					
2	产品名称	规格	销售数量	单价	金额	
3	打印机	AR3240	12	2650	31800	
4	打印机	CR-3240	5	2870	14350	
5	计算机	586/400	7	4670	32690	
6	计算机	586/666	3	5600	16800	
7	计算机	586/600	6	6200	37200	
8						

图 3.23　公式运算结果图

实践内容 2：公式的使用-单元格的绝对引用

利用公式求：总人数和职称占总人数比例=人数/总人数，(百分比型,保留 2 位小数)，使用的数据表如图 3.24 所示。

	A	B	C	D
1	某高校师资情况统计表			
2	职称	人数	职称占总人数比例	
3	教授	234		
4	副教授	456		
5	讲师	256		
6	助教	168		
7	总人数			
8				

图 3.24　某高校师资情况统计表

操作步骤：

① 选中输入公式的单元格 B7。

② 输入"＝B3＋B4＋B5＋B6"；然后按 Enter 键，完成公式的求和计算。公式的输入如图 3.25 所示。

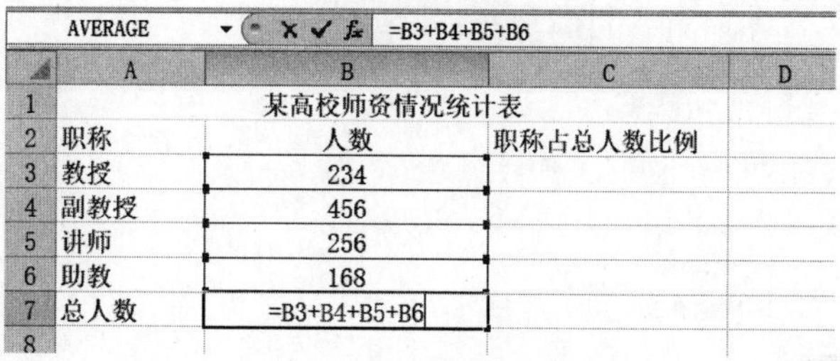

图 3.25　公式输入图

③ 选中输入公式的单元格 C3。

④ 输入"＝B3／＄B＄7"；然后按 Enter 键，完成公式的除法计算。公式的输入如图 3.26 所示。

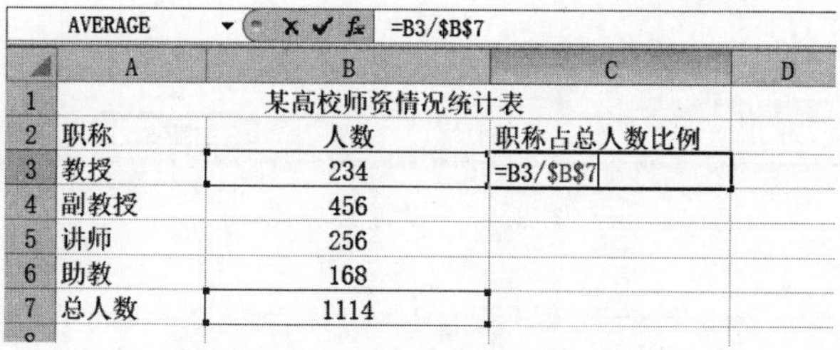

图 3.26　公式输入图

⑤ 选中 C3 单元格，当光标位于单元格的右下角变成细十字时，拖动左键把公式复制到 C4 至 C6 中，计算完成。公式的运算结果如图 3.27 所示。

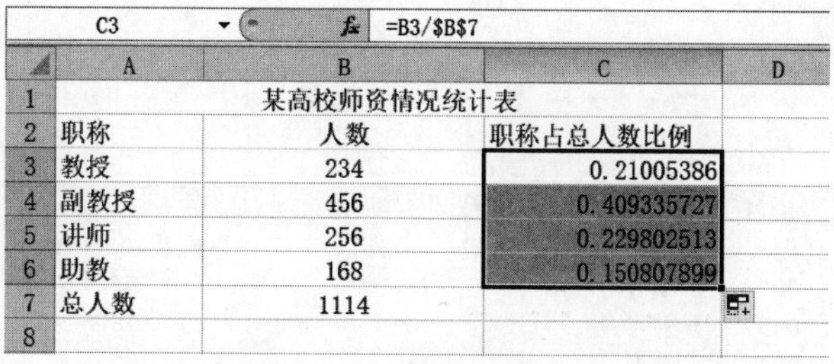

图 3.27　公式运算结果图

⑥ 设置单元格的格式为百分比型。选择 C3:C6 单元格，打开【设置单元格格式】对话框。选择【数字】标签页，在【分类】中选择"百分比"；【小数位数】是 2；单击【确定】按钮。设置过程和结果如图 3.28 和图 3.29 所示。

实践内容 3：AVERAGE、MAX 函数的使用

用公式（函数）按要求计算出：平均分和单科最高分。使用的数据表如图 3.30 所示。

72

图 3.28　设置百分比

	A	B	C	D
1	某高校师资情况统计表			
2	职称	人数	职称占总人数比例	
3	教授	234	21.01%	
4	副教授	456	40.93%	
5	讲师	256	22.98%	
6	助教	168	15.08%	
7	总人数	1114		
8				

图 3.29　结果图

	A	B	C	D	E	F	G	H
1	系	学号	姓名	高数	外语	计算机基础	平均分	
2	法律	007	黄小小	89	90	94		
3	法律	005	张小明	87	60	78		
4	环保	004	李壮	90	80	85		
5	计算机	002	赵萌萌	85	87	90		
6	计算机	008	马伟	77	35	89		
7	计算机	001	王海	60	58	80		
8	计算机	009	杨天	45	76	76		
9	经济学	003	孙丽	78	79	78		
10	经济学	006	周蓉	79	55	47		
11			单科最高分					
12								

图 3.30　学生成绩表

操作步骤：

① 选择单元格 D11，单击【公式】→【插入函数 fx】，弹出【插入函数】对话框，在该对话框中选择 MAX，如图 3.31 所示。

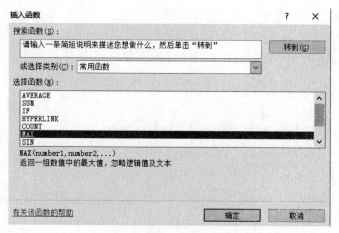

图 3.31 【插入函数】对话框

② 单击【确定】按钮，弹出【函数参数】对话框，在【Number1】中确定参数为 D2:D10。单击【确定】按钮，计算结束。函数参数的设置和计算结果如图 3.32 和图 3.33 所示。

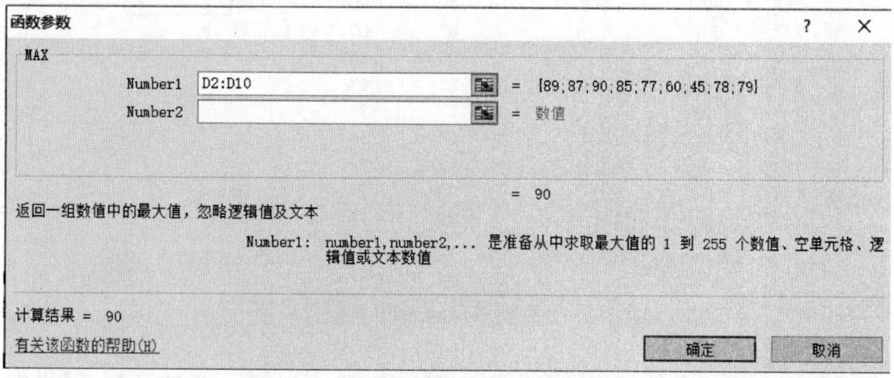

图 3.32 MAX 函数参数对话框

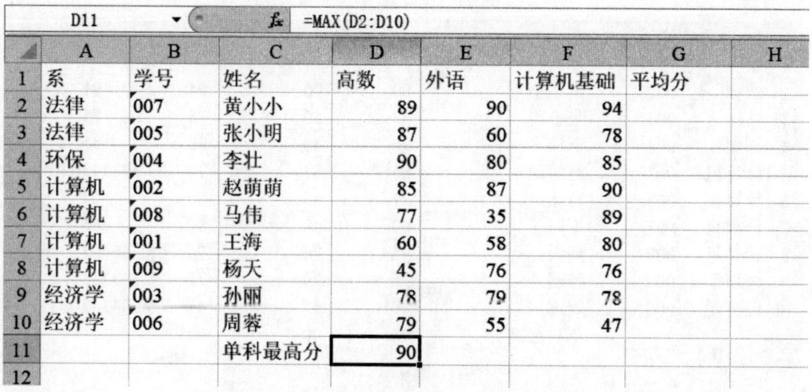

	A	B	C	D	E	F	G	H
							fx =MAX(D2:D10)	
1	系	学号	姓名	高数	外语	计算机基础	平均分	
2	法律	007	黄小小	89	90	94		
3	法律	005	张小明	87	60	78		
4	环保	004	李壮	90	80	85		
5	计算机	002	赵萌萌	85	87	90		
6	计算机	008	马伟	77	35	89		
7	计算机	001	王海	60	58	80		
8	计算机	009	杨天	45	76	76		
9	经济学	003	孙丽	78	79	78		
10	经济学	006	周蓉	79	55	47		
11			单科最高分	90				
12								

图 3.33 MAX 函数计算结果

③ 选择单元格 G2，单击【公式】→【插入函数 fx】，弹出【插入函数】对话框，在该对话框中选择 AVERAGE，然后在弹出的【函数参数】对话框【Number1】中确定参数为 D2:F2。单击【确定】按钮，计算结束。函数参数的设置和计算结果如图 3.34 和图 3.35 所示。

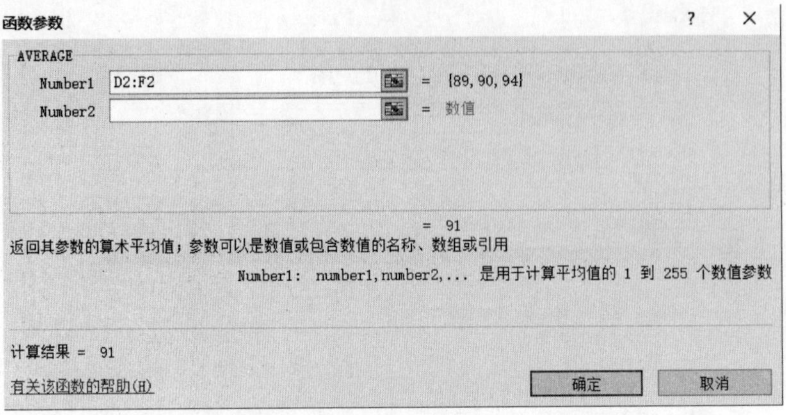

图 3.34　AVERAGE 函数参数对话框

	A	B	C	D	E	F	G	H
							fx	=AVERAGE(D2:F2)
1	系	学号	姓名	高数	外语	计算机基础	平均分	
2	法律	007	黄小小	89	90	94	91	
3	法律	005	张小明	87	60	78		
4	环保	004	李壮	90	80	85		
5	计算机	002	赵萌萌	85	87	90		
6	计算机	008	马伟	77	35	89		
7	计算机	001	王海	60	58	80		
8	计算机	009	杨天	45	76	76		
9	经济学	003	孙丽	78	79	78		
10	经济学	006	周蓉	79	55	47		
11			单科最高分	90				
12								

图 3.35　AVERAGE 函数参数对话框

④ 最后使用公式的自动填充，完成 E11:F11 和 G3:G10 单元格的计算，结果如图 3.36 所示。

	A	B	C	D	E	F	G	H
1	系	学号	姓名	高数	外语	计算机基础	平均分	
2	法律	007	黄小小	89	90	94	91	
3	法律	005	张小明	87	60	78	75	
4	环保	004	李壮	90	80	85	85	
5	计算机	002	赵萌萌	85	87	90	87.333333	
6	计算机	008	马伟	77	35	89	67	
7	计算机	001	王海	60	58	80	66	
8	计算机	009	杨天	45	76	76	65.666667	
9	经济学	003	孙丽	78	79	78	78.333333	
10	经济学	006	周蓉	79	55	47	60.333333	
11			单科最高分	90	90	94		
12								

图 3.36　MAX 和 AVERAGE 计算结果

实践内容 4：COUNTIF 和 COUNT 函数的使用

用公式（函数）按要求计算出：单科优秀率。使用的数据表如图 3.37 所示。

1	学生成绩表					
2	所学专业	考号	姓名	技能成绩	理论成绩	总成绩
3	化工	20060101	陈宝婷	86	95	92.3
4	机械	20060102	夔宜静	78	85	82.9
5	电气	20060103	董家良	86	78	80.4
6	机械	20060104	顾桐雨	92	89	89.9
7	化工	20060105	姜金良	64	75	71.7
8	机械	20060106	金婷	59	65	63.2
9	电气	20060107	李吉宇	68	48	54
10	化工	20060108	李璐	71	92	85.7
11	电气	20060109	李艺萌	82	68	72.2
12	化工	20060110	刘雪雯	52	84	74.4
13	机械	20060111	刘越佳	77	71	72.8
14	电气	20060112	沐洋	92	82	85
15	电气	20060113	沈丹	95	73	79.6
16	机械	20060114	史俊博	81	88	85.9
17	化工	20060115	苏畅	68	92	84.8
18		优秀率				

图 3.37　学生成绩表

操作步骤：

① 选择单元格 D18，单击【公式】→【插入函数 fx】，弹出【插入函数】对话框，在该对话框中选择类别为全部，在【选择函数】中选择 COUNTIF，如图 3.38 所示。

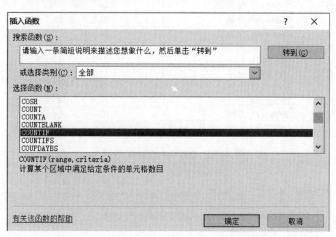

图 3.38　插入函数对话框中选择函数 COUNTIF

② 单击【确定】按钮，弹出【函数参数】对话框。在 COUNTIF 函数参数对话框的【Range】中输入参数为 D3：D17，在【Criteria】中输入参数为">＝90"，如图 3.39 所示。

③ 单击【确定】按钮返回 Excel 计算结束，如图 3.40 所示。

④ 再选择单元格 D18，可以看到其内容是"＝COUNTIF(D3：D17,">＝90")"，在函数后面接着输入除号"/"，然后再单击【公式】→【插入函数 fx】组，弹出【插入函数】对话框，在该对话框中选择类别为全部，在【选择函数】中选择 COUNT。单击【确定】按钮，弹出【函数参数】对话框，在第一个参数中输入 D3：D17，如图 3.41 所示。单击【确定】返回 Excel。

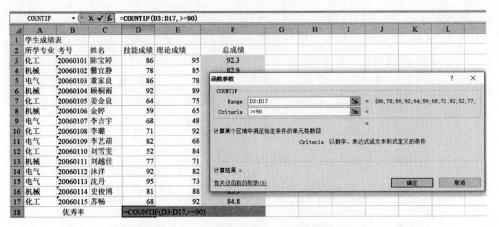

图 3.39　设置 COUNTIF 函数参数

	A	B	C	D	E	F	G
1	学生成绩表						
2	所学专业	考号	姓名	技能成绩	理论成绩	总成绩	
3	化工	20060101	陈宝婷	86	95	92.3	
4	机械	20060102	龚宣静	78	85	82.9	
5	电气	20060103	董家良	86	78	80.4	
6	机械	20060104	顾桐雨	92	89	89.9	
7	化工	20060105	姜金良	64	75	71.7	
8	机械	20060106	金婷	59	65	63.2	
9	电气	20060107	李吉宇	68	48	54	
10	化工	20060108	李璐	71	92	85.7	
11	电气	20060109	李艺萌	82	68	72.2	
12	化工	20060110	刘雪雯	52	84	74.4	
13	机械	20060111	刘越佳	77	71	72.8	
14	电气	20060112	沐洋	92	82	85	
15	电气	20060113	沈丹	95	73	79.6	
16	机械	20060114	史俊博	81	88	85.9	
17	化工	20060115	苏畅	68	92	84.8	
18		优秀率		3			

图 3.40　countif 函数运算结果

图 3.41　设置 COUNT 函数参数

⑤ 优秀率的计算结果如图 3.42 所示。

1	学生成绩表					
2	所学专业	考号	姓名	技能成绩	理论成绩	总成绩
3	化工	20060101	陈宝婷	86	95	92.3
4	机械	20060102	爨宜静	78	85	82.9
5	电气	20060103	董家良	86	78	80.4
6	机械	20060104	顾桐雨	92	89	89.9
7	化工	20060105	姜金良	64	75	71.7
8	机械	20060106	金婷	59	65	63.2
9	电气	20060107	李吉宇	68	48	54
10	化工	20060108	李璐	71	92	85.7
11	电气	20060109	李艺萌	82	68	72.2
12	化工	20060110	刘雪雯	52	84	74.4
13	机械	20060111	刘越佳	77	71	72.8
14	电气	20060112	沐洋	92	82	85
15	电气	20060113	沈丹	95	73	79.6
16	机械	20060114	史俊博	81	88	85.9
17	化工	20060115	苏畅	68	92	84.8
18	优秀率			0.2	0.2	

图 3.42　优秀率计算结果

实践内容 5：IF 和 RANK 函数的使用

在图 3.43 的数据表中完成如下的操作。

(1) 在 F2:F9 单元格区域中利用 RANK 函数计算出每个同学的"综合得分"名次。

(2) 在 G2:G9 单元格区域中利用 IF 函数计算出每个同学的"综合得分"的优秀情况，若综合得分大于等于 85 分则显示"优秀"，否则显示"不优秀"。

	A	B	C	D	E	F	G	H
1	学号	学生姓名	文化课成绩平均分	综合素质分	综合得分	名次	是否优秀	
2	1	黄忠	78.9	8.7	87.6			
3	2	张晶	60.8	5	65.8			
4	3	李响	65.9	6	71.9			
5	4	赵亮	80.7	3.5	84.2			
6	5	王明明	60.7	8.7	69.4			
7	6	董平	67	7.8	74.8			
8	7	王小小	78	12	90			
9	8	周平	80	10	90			
10								
11								

图 3.43　数据表

操作步骤：

① 选中输入公式的单元格 F2；输入"＝"；单击【公式】→【插入函数 fx】组，弹出【插入函数】对话框，在该对话框中选择类别为全部，在【选择函数】中选择 RANK，如图 3.44 所示。

② 在弹出的【函数参数】对话框，设置函数的参数如图 3.45 所示。

③ 计算出来 F2 单元格的值。最后把 F2 单元格的公式复制到后面的单元格中。计算结果如图 3.46 所示。

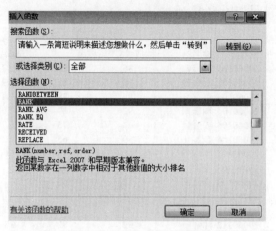

图 3.44　选择 RANK 函数

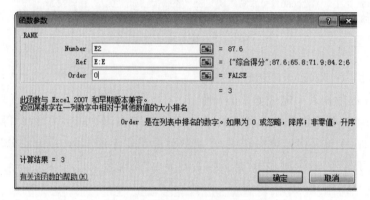

图 3.45　设置 RANK 函数参数

	A	B	C	D	E	F	G	H	I
1	学号	学生姓名	文化课成绩平均分	综合素质分	综合得分	名次	是否优秀		
2	1	黄忠	78.9	8.7	87.6	3			
3	2	张晶	60.8	5	65.8	8			
4	3	李响	65.9	6	71.9	6			
5	4	赵亮	80.7	3.5	84.2	4			
6	5	王明明	60.7	8.7	69.4	7			
7	6	董平	67	7.8	74.8	5			
8	7	王小小	78	12	90	1			
9	8	周平	80	10	90	1			
10									
11									

图 3.46　RANK 函数计算结果

④ 选择单元格 G2,单击【公式】→【插入函数 fx】组,弹出【插入函数】对话框,在该对话框中选择类别为常用函数,在【选择函数】中选择 IF。单击【确定】按钮,弹出【函数参数】对话框,设置函数的参数如图 3.47 所示。

⑤ 单击【确定】按钮完成计算,然后把 G2 的公式复制到后面的单元格中。计算结果如图 3.48 所示。

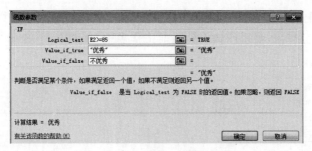

图 3.47　设置 IF 函数参数

	A	B	C	D	E	F	G	H	I
1	学号	学生姓名	文化课成绩平均分	综合素质分	综合得分	名次	是否优秀		
2	1	黄忠	78.9	8.7	87.6	3	优秀		
3	2	张晶	60.8	5	65.8	8	不优秀		
4	3	李响	65.9	6	71.9	6	不优秀		
5	4	赵亮	80.7	3.5	84.2	4	不优秀		
6	5	王明明	60.7	8.7	69.4	7	不优秀		
7	6	董平	67	7.8	74.8	5	不优秀		
8	7	王小小	78	12	90	1	优秀		
9	8	周平	80	10	90	1	优秀		
10									
11									

图 3.48　RANK 和 IF 函数的计算结果

实践六　制作图表

实践目的和要求：掌握 Excel 2010 中通过创建图表，更加直观地表示各个数据的大小以及数据的变化情况。

实践内容：根据已有的数据创建图表，并插入到指定的位置

在实践五的学生成绩表中

（1）利用"姓名""平均分"2 列数据，创建"三维饼图"。

（2）将三维饼图作为对象插入该数据表的 A13:G25 单元格中，图表标题为"平均分"。

操作步骤：

① 打开实践五中实践内容 3 的数据表，用鼠标拖动选择 C1:C10，然后左手按住 Ctrl 键，用鼠标继续选择 G1:G10，这样就选择了不连续的两列数据，如图 3.49 所示。

	A	B	C	D	E	F	G	H
	系	学号	姓名	高数	外语	计算机基础	平均分	
1	系	学号	姓名	高数	外语	计算机基础	平均分	
2	法律	007	黄小小	89	90	94	91	
3	法律	005	张小明	87	60	78	75	
4	环保	004	李壮	90	80	85	85	
5	计算机	002	赵萌萌	85	87	90	87.333333	
6	计算机	008	马伟	77	35	89	67	
7	计算机	001	王海	60	58	80	66	
8	计算机	009	杨天	45	76	76	65.666667	
9	经济学	003	孙丽	78	79	78	78.333333	
10	经济学	006	周蓉	79	33	47	60.333333	
11			单科最高分	90	90	94		
12								

图 3.49　选择不连续的数据

② 选择【插入】→【图表】,打开【插入图表】对话框,在该对话框中选择【饼图】→【三维饼图】,然后单击【确定】按钮,将饼图插入到当前工作表中,如图 3.50 和图 3.51 所示。

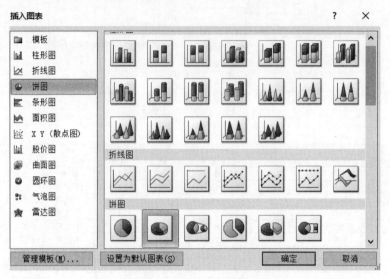

图 3.50　【插入图表】对话框

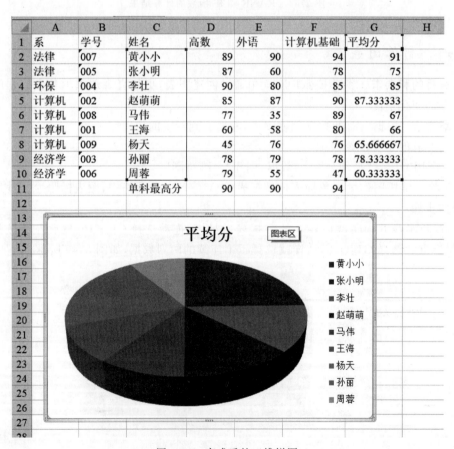

	A	B	C	D	E	F	G	H
1	系	学号	姓名	高数	外语	计算机基础	平均分	
2	法律	007	黄小小	89	90	94	91	
3	法律	005	张小明	87	60	78	75	
4	环保	004	李壮	90	80	85	85	
5	计算机	002	赵萌萌	85	87	90	87.333333	
6	计算机	008	马伟	77	35	89	67	
7	计算机	001	王海	60	58	80	66	
8	计算机	009	杨天	45	76	76	65.666667	
9	经济学	003	孙丽	78	79	78	78.333333	
10	经济学	006	周蓉	79	55	47	60.333333	
11			单科最高分	90	90	94		

图 3.51　完成后的三维饼图

③ 通过鼠标调整饼图的大小,并把该饼图拖动到工作表内的 A13:G25 单元格中即可。结果如图 3.52 所示。

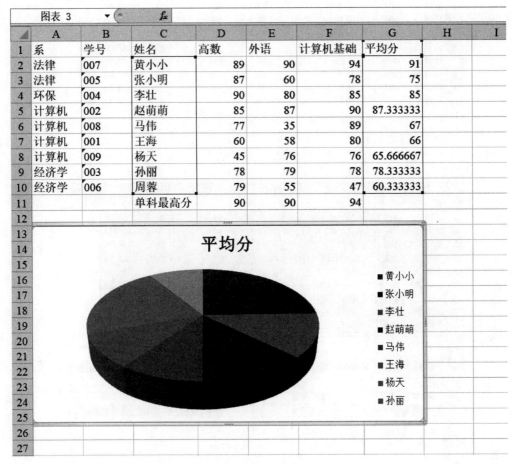

图 3.52　拖动到指定位置后的三维饼图

实践七　管理表格中的数据

实践目的和要求:掌握 Excel 2010 中数据排序、筛选和汇总等数据管理方面的功能。

1. 数据排序、筛选、分类汇聚。

2. 建立数据透视表。

实践内容 1:数据的排序

使用如图 3.53 所示的数据"学生成绩表",以"系"为主关键字,以"平均分"为次关键字,按递减方式排序。

操作步骤:

① 选择要进行排序的数据区域 A2:G10,单击【开始】→【编辑】→【排序和筛选】→【自定义排序】,弹出【排序】对话框,对话框中的属性设置如图 3.54 所示。单击【确定】按钮关闭【排序】对话框,完成数据的排序。

② 排序后的结果如图 3.55 所示。

	A	B	C	D	E	F	G	H
1	系	学号	姓名	高数	外语	计算机基础	平均分	
2	法律	007	黄小小	89	90	94	91.00	
3	法律	005	张小明	87	60	78	75.00	
4	环保	004	李壮	90	80	85	85.00	
5	计算机	002	赵萌萌	85	87	90	87.33	
6	计算机	008	马伟	77	35	89	67.00	
7	计算机	001	王海	60	58	80	66.00	
8	计算机	009	杨天	45	76	76	65.67	
9	经济学	003	孙丽	78	79	78	78.33	
10	经济学	006	周蓉	79	55	47	60.33	
11			单科最高分	90	90	94		
12								

图 3.53　学生成绩表

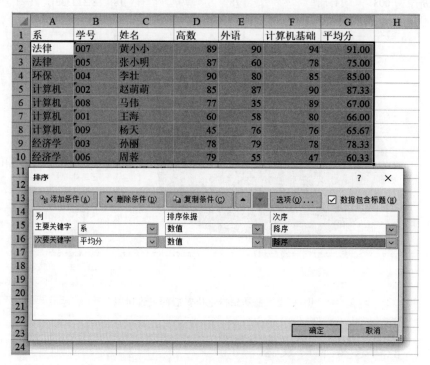

图 3.54　选择排序数据和排序关键字设置

	A	B	C	D	E	F	G	H
1	系	学号	姓名	高数	外语	计算机基础	平均分	
2	经济学	003	孙丽	78	79	78	78.33	
3	经济学	006	周蓉	79	55	47	60.33	
4	计算机	002	赵萌萌	85	87	90	87.33	
5	计算机	008	马伟	77	35	89	67.00	
6	计算机	001	王海	60	58	80	66.00	
7	计算机	009	杨天	45	76	76	65.67	
8	环保	004	李壮	90	80	85	85.00	
9	法律	007	黄小小	89	90	94	91.00	
10	法律	005	张小明	87	60	78	75.00	
11			单科最高分	90	90	94		
12								

图 3.55　排序结果

实践内容 2：数据的自动筛选

使用"某图书销售集团销售情况表"的数据进行自动筛选,筛选出:各分店第 3、4 季度,销售额大于或等于 6000 元的销售情况。数据表如图 3.56 所示。

	A	B	C	D	E	F	G
1	某图书销售集团销售情况表						
2	经销部门	图书名称	季度	数量	单价	销售额(元)	
3	第3分店	计算机导论	3	111	32.8	3640.8	
4	第3分店	计算机导论	2	119	32.8	3903.2	
5	第1分店	程序设计基础	2	123	26.9	3308.7	
6	第2分店	计算机应用基础	2	145	23.5	3407.5	
7	第2分店	计算机应用基础	1	167	23.5	3924.5	
8	第3分店	程序设计基础	4	168	26.9	4519.2	
9	第1分店	程序设计基础	4	178	26.9	4788.2	
10	第3分店	计算机应用基础	4	180	23.5	4230	
11	第2分店	计算机应用基础	4	189	23.5	4441.5	
12	第2分店	程序设计基础	1	190	26.9	5111	
13	第2分店	程序设计基础	4	196	26.9	5272.4	
14	第2分店	程序设计基础	3	205	26.9	5514.5	
15	第2分店	计算机应用基础	1	206	23.5	4841	
16	第2分店	程序设计基础	2	211	26.9	5675.9	
17	第3分店	程序设计基础	3	218	26.9	5864.2	
18	第2分店	计算机导论	1	221	32.8	7248.8	
19	第3分店	计算机导论	4	230	32.8	7544	
20	第1分店	程序设计基础	3	232	26.9	6240.8	
21	第1分店	计算机应用基础	3	234	23.5	5499	
22	第1分店	计算机导论	4	236	32.8	7740.8	
23	第3分店	程序设计基础	2	242	26.9	6509.8	
24	第3分店	计算机应用基础	3	278	23.5	6533	
25							

图 3.56　某图书销售集团销售情况表

操作步骤：

① 选择要进行自动筛选的数据区域 A2:F24,单击【开始】→【编辑】→【排序和筛选】→【筛选】,这样数据表中选中的每一列都添加上自动筛选按钮。然后设置"季度"列的筛选条件,设置如图 3.57 所示,单击【确定】按钮即完成了第 3、4 季度的数据筛选。

② 然后设置"销售额(元)"列的筛选条件,设置如图 3.58 所示,单击【大于或等于】按钮。

③ 在筛选条件中输入"6000"即可。设置如图 3.59 所示。

④ 筛选后的结果如图 3.60 所示。

实践内容 3：数据的高级筛选

使用实践内容 2 中的"某图书销售集团销售情况表"的数据进行高级筛选,筛选出:各分店第 3、4 季度,销售额大于或等于 6000 元的销售情况,要求条件放在 G2:I4 处,结果复制从 G7 开始。

操作步骤：

① 使用高级筛选。使用高级筛选之前,要先建立一个条件区域。条件区域用来指定筛选的数据必须满足的条件。条件区域的单元格 G2 中输入"季度"、单元格 G3 中输入 3;单元格 H2 中输入"季度",单元格 H4 中输入 4;在单元格 I2 中输入"销售额(元)",单元格 I3、I4 中输入">=6000"。输入完毕如图 3.61 所示。

图 3.57　季度的数据筛选条件设置

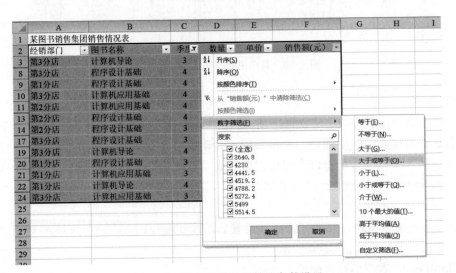

图 3.58　销售额的数据筛选条件设置

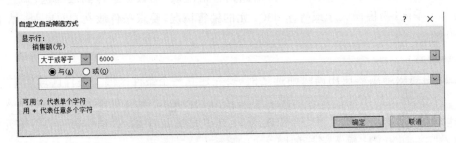

图 3.59　数据筛选条件的输入

1	某图书销售集团销售情况表						
2	经销部门 ▼	图书名称 ▼	季度 ▼	数量 ▼	单价 ▼	销售额(元) ▼	
19	第3分店	计算机导论	4	230	32.8	7544	
20	第1分店	程序设计基础	3	232	26.9	6240.8	
22	第1分店	计算机导论	4	236	32.8	7740.8	
24	第3分店	计算机应用基础	3	278	23.5	6533	
25							

图 3.60　自动筛选的结果

	A	B	C	D	E	F	G	H	I	J
1	某图书销售集团销售情况表									
2	经销部门	图书名称	季度	数量	单价	销售额(元)	季度	季度	销售额(元)	
3	第3分店	计算机导论	3	111	32.8	3640.8	3		>=6000	
4	第3分店	计算机导论	2	119	32.8	3903.2		4	>=6000	
5	第1分店	程序设计基础	2	123	26.9	3308.7				
6	第2分店	计算机应用基础	2	145	23.5	3407.5				
7	第2分店	计算机应用基础	1	167	23.5	3924.5				
8	第3分店	程序设计基础	4	168	26.9	4519.2				
9	第1分店	程序设计基础	4	178	26.9	4788.2				
10	第3分店	计算机应用基础	4	180	23.5	4230				
11	第2分店	计算机应用基础	4	189	23.5	4441.5				
12	第2分店	程序设计基础	1	190	26.9	5111				
13	第2分店	程序设计基础	4	196	26.9	5272.4				
14	第2分店	程序设计基础	3	205	26.9	5514.5				
15	第2分店	计算机应用基础	1	206	23.5	4841				
16	第2分店	程序设计基础	2	211	26.9	5675.9				
17	第3分店	程序设计基础	3	218	26.9	5864.2				
18	第2分店	计算机导论	1	221	32.8	7248.8				
19	第3分店	计算机导论	4	230	32.8	7544				
20	第1分店	程序设计基础	3	232	26.9	6240.8				
21	第1分店	计算机应用基础	3	234	23.5	5499				
22	第1分店	计算机导论	4	236	32.8	7740.8				
23	第3分店	程序设计基础	2	242	26.9	6509.8				
24	第3分店	计算机应用基础	3	278	23.5	6533				
25										

图 3.61　输入高级筛选条件

② 选择【数据】→【筛选】→【高级】,在【高级筛选】对话框中的【列表区域】中选择 A2：F24；【条件区域】中选择 G2:I4；【复制到】中选择 G7,设置如图 3.62 所示。

③ 单击【高级筛选】对话框中的【确定】按钮,即完成了高级筛选,结果如图 3.63 所示。

实践内容 4：数据的分类汇总

使用实践内容 2 中的"某图书销售集团销售情况表"的数据,将 A2:F24 之间的数据按"经销部门"升序排序,然后按"经销部门"进行分类汇总,统计各分店的销售额总和。

图 3.62　高级筛选对话框设置

操作步骤：

① 选择"某图书销售集团销售情况表"的 A2:F24,进行数据的排序。

② 确保数据是经过排序的。选择单元格 A2:F24,选择【数据】→【分级显示】→【分类汇总】,在【分类汇总】对话框中,进行分类汇总的设置,如图 3.64 所示。

上机实践指导

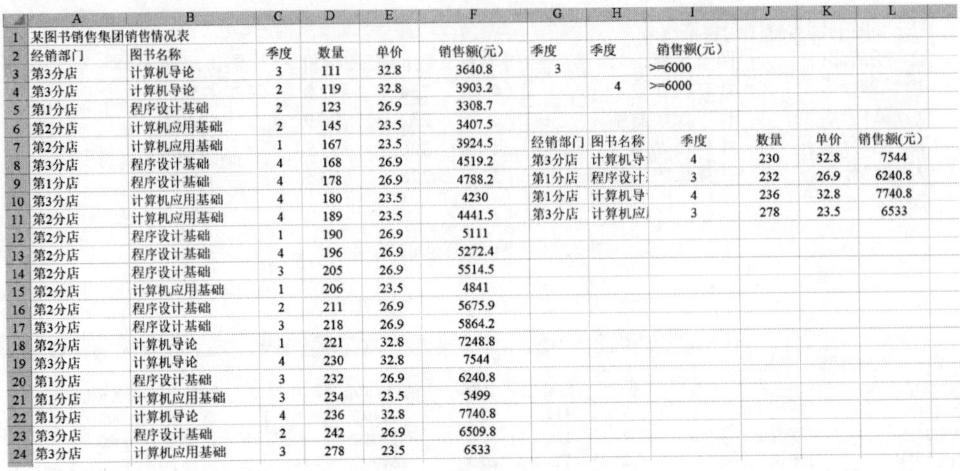

图 3.63　高级筛选的结果

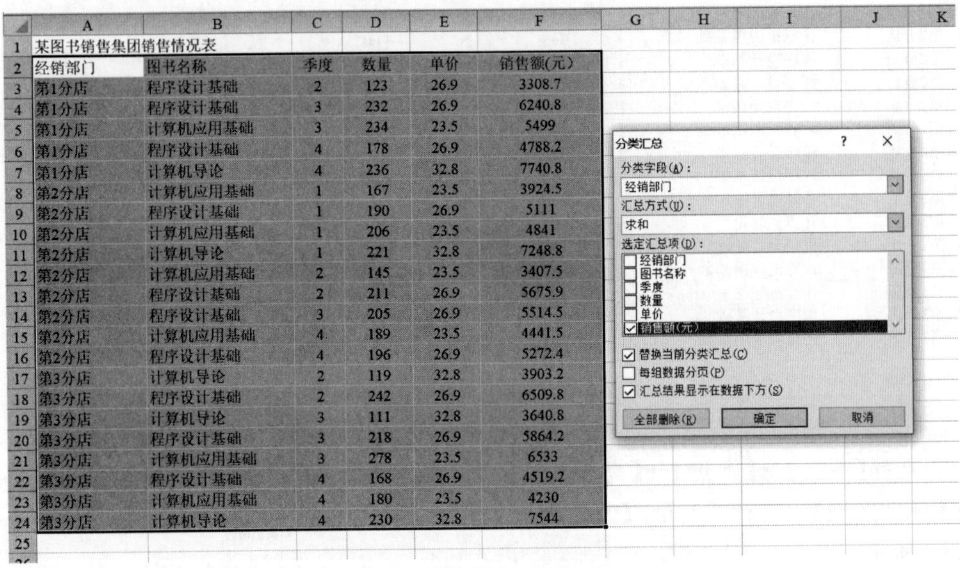

图 3.64　选择数据和设置分类汇总条件

③ 单击【分类汇总】对话框中的确定按钮，完成分类汇总后，结果如图 3.65 和图 3.66 所示。

实践内容 5：创建数据透视表

使用实践内容 2 中的"某图书销售集团销售情况表"的数据，对 A2:F24 之间的数据创建数据透视表："经销部门"为报表筛选，"图书名称"为列标签，"季度"为行标签，对销售额求和。生成的数据透视表放在该表的 H2 开始处。

操作步骤：

① 拖动鼠标选择数据表的单元格 A2:F24，然后选择【插入】→【表格】→【数据透视表】→【数据透视表】，弹出【创建数据透视表】对话框，然后进行参数设置，如图 3.67 所示。

② 单击【确定】按钮后，就进入数据透视表设计窗口，如图 3.68 所示。

1 2 3		A	B	C	D	E	F	G
	1	某图书销售集团销售情况表						
	2	经销部门	图书名称	季度	数量	单价	销售额(元)	
	3	第1分店	程序设计基础	2	123	26.9	3308.7	
	4	第1分店	程序设计基础	3	232	26.9	6240.8	
	5	第1分店	计算机应用基础	3	234	23.5	5499	
	6	第1分店	程序设计基础	4	178	26.9	4788.2	
	7	第1分店	计算机导论	4	236	32.8	7740.8	
	8	**第1分店 汇总**					27577.5	
	9	第2分店	计算机应用基础	1	167	23.5	3924.5	
	10	第2分店	程序设计基础	1	190	26.9	5111	
	11	第2分店	计算机应用基础	1	206	23.5	4841	
	12	第2分店	计算机导论	1	221	32.8	7248.8	
	13	第2分店	计算机应用基础	2	145	23.5	3407.5	
	14	第2分店	程序设计基础	2	211	26.9	5675.9	
	15	第2分店	程序设计基础	3	205	26.9	5514.5	
	16	第2分店	计算机应用基础	4	189	23.5	4441.5	
	17	第2分店	程序设计基础	4	196	26.9	5272.4	
	18	**第2分店 汇总**					45437.1	
	19	第3分店	计算机导论	2	119	32.8	3903.2	
	20	第3分店	程序设计基础	2	242	26.9	6509.8	
	21	第3分店	计算机导论	3	111	32.8	3640.8	
	22	第3分店	程序设计基础	3	218	26.9	5864.2	
	23	第3分店	计算机应用基础	3	278	23.5	6533	
	24	第3分店	程序设计基础	4	168	26.9	4519.2	
	25	第3分店	计算机应用基础	4	180	23.5	4230	
	26	第3分店	计算机导论	4	230	32.8	7544	
	27	**第3分店 汇总**					42744.2	
	28	**总 计**					115758.8	

图 3.65　按经销部门进行分类汇总结果 1

1 2 3		A	B	C	D	E	F	G	H
	1	某图书销售集团销售情况表							
	2	经销部门	图书名称	季度	数量	单价	销售额(元)		
	8	**第1分店 汇总**					27577.5		
	18	**第2分店 汇总**					45437.1		
	27	**第3分店 汇总**					42744.2		
	28	**总 计**					115758.8		
	29								
	30								

图 3.66　按经销部门进行分类汇总结果 2

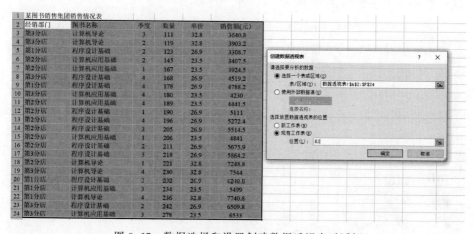

图 3.67　数据选择和设置创建数据透视表对话框

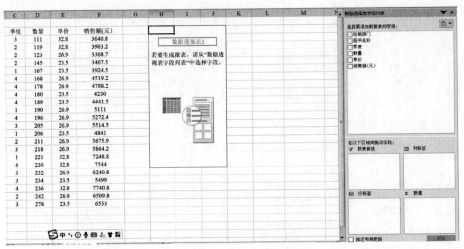

图 3.68　数据透视表设计

③ 在【数据透视表字段列表】中,拖动"经销部门"到报表筛选处,拖动"图书名称"到列标签,拖动"季度"到行标签,拖动销售额到数值区,结果如图 3.69 所示。

图 3.69　数据透视表设置

生成的数据透视表如图 3.70 所示。

	A	B	C	D	E	F	G	H	I	J	K	L
1	某图书销售集团销售情况表							经销部门	(全部)			
2	经销部门	图书名称	季度	数量	单价	销售额(元)		求和项:销售额	列标签			
3	第3分店	计算机导论	3	111	32.8	3640.8		行标签	程序设计基	计算机导论	计算机应用	总计
4	第3分店	计算机导论	2	119	32.8	3903.2		1	5111	7248.8	8765.5	21125.3
5	第1分店	程序设计基础	2	123	26.9	3308.7		2	15494.4	3903.2	3407.5	22805.1
6	第2分店	计算机应用基础	2	145	23.5	3407.5		3	17619.5	3640.8	12032	33292.3
7	第2分店	计算机导论	1	167	23.5	3924.5		4	14579.8	15284.8	8671.5	38536.1
8	第3分店	程序设计基础	4	168	26.9	4519.2		总计	52804.7	30077.6	32876.5	115758.8
9	第1分店	程序设计基础	4	178	26.9	4788.2						
10	第3分店	计算机应用基础	4	180	23.5	4230						
11	第2分店	计算机应用基础	4	189	23.5	4441.5						
12	第2分店	程序设计基础	1	190	26.9	5111						
13	第2分店	程序设计基础	4	196	26.9	5272.4						
14	第2分店	程序设计基础	3	205	26.9	5514.5						
15	第2分店	计算机应用基础	1	206	26.9	4841						
16	第2分店	程序设计基础	2	211	26.9	5675.9						
17	第3分店	程序设计基础	3	218	26.9	5864.2						
18	第2分店	计算机导论	1	221	32.8	7248.8						
19	第3分店	计算机导论	4	230	32.8	7544						
20	第1分店	程序设计基础	3	232	26.9	6240.8						
21	第1分店	计算机应用基础	3	234	23.5	5499						
22	第1分店	计算机导论	4	236	32.8	7740.8						
23	第3分店	程序设计基础	2	242	26.9	6509.8						
24	第3分店	计算机应用基础	3	278	23.5	6533						

图 3.70　生成的数据透视表

实践八 页面设置和打印

实践目的和要求：掌握 Excel 2010 页面设置。

1. 设置打印区域。

2. 设置纸张大小、页边距。

实践内容：设置纸张大小、页边距、打印区域

在实践一的学生成绩表中，把 A2:G9 设置为打印区域。设置纸张大小为 A4，上下左右页边距设置为 2.0，纵向打印。

操作步骤：

① 打开实践一的学生成绩表，用鼠标拖动选择 A2:G9。单击【页面布局】→【页面设置】→【打印区域】→【设置打印区域】即可。

② 在学生成绩表任何一个单元格中单击。单击【页面布局】→【页面设置】组右侧的 ▣ 按钮，弹出【页面设置】对话框。在【页面】标签页设置纸张大小为 A4，方向为纵向，如图 3.71 所示。

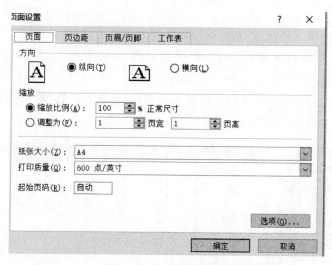

图 3.71 纸张大小设置

③ 单击【页边距】标签页，设置纸张的页边距，上下左右页边距设置为 2.0，如图 3.72 所示。

实践九 综合练习

实践练习 1：
题号：659

- -

请在打开的窗口中进行如下操作，操作完成后，请关闭 Excel 并保存工作簿。

- -

在工作表 sheet1 中完成如下操作：

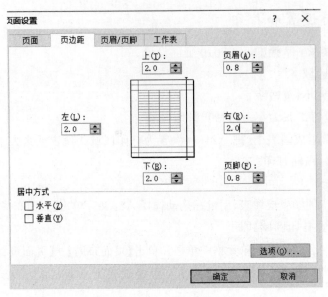

图 3.72　页边距设置

（1）在 D1：H1 单元格区域内，使用自动填充方式依次填充"二月"到"六月"。

（2）在 I2：I9 单元格区域内，用求和函数计算出每个员工二月到六月的总计缺勤天数。

（3）设置缺勤总天数在 30 天以上的员工相对应的"总计缺勤"单元格的字形为加粗，边框为最细虚线，边框颜色为蓝色。

	A	B	C	D	E	F	G	H	I	J
1	部门	姓名	一月	二月	三月	四月	五月	六月	总计缺勤	
2	技术部	王海	1	2	0	3	0	0	6	
3	技术部	赵萌萌	3	0	0	0	1	1	5	
4	工程部	李强	6	0	1	1	1	10	19	
5	财会部	高天	1	1	0	1	2	8	13	
6	财会部	张雨晴	4	1	0	0	0	0	5	
7	测试部	马腾飞	0	0	0	0	0	0	0	
8	技术部	周大伟	0	0	0	0	0	0	0	
9	技术部	郴宾	2	12	1	10	6	8	39	
10										

实践练习 1 工作表

实践练习 2：
题号：4403

请在打开的窗口中进行如下操作，操作完成后，请关闭 Excel 并保存工作簿。

在工作表 sheet1 中完成如下操作：

（1）在 B2：B10 的单元格区域内写入学生的学号 001，002，…，009（必须为 001，而不是 1）。在 G2：G10 内用平均数函数计算出每个学生的平均分，小数位数为 1，负数格式为"第 4 行"格式。以"平均分"为首关键字进行递减排序。

（2）在 B11 单元格区域内以百分数表示的优秀率改为以分数形式表示。

	A	B	C	D	E	F	G	H
1	系	学号	姓名	高数	外语	计算机基础	平均分	
2	计算机	002	赵萌萌	85	87	90	87.3	
3	法律	007	黄小小	89	88	80	85.7	
4	环保	004	李壮	90	80	85	85.0	
5	经济学	003	孙丽	78	79	78	78.3	
6	法律	005	张小明	87	60	78	75.0	
7	计算机	008	马伟	77	35	89	67.0	
8	计算机	001	王海	60	58	80	66.0	
9	计算机	009	杨天	45	76	76	65.7	
10	经济学	006	周蓉	79	55	47	60.3	
11	优秀率为:		1/3					
12								

实践练习 2 工作表

实践练习 3：

题号：3059

请在打开的窗口中进行如下操作,操作完成后,请关闭 Excel 并保存工作簿。

在工作表 sheet1 中完成如下操作:

(1)在"产品名称"前加入一列,在 A1 内输入单元格文本为"产品编号",依次在 A2：A8 单元格区域中写入 01 到 07。

(2)在 F2：F8 中使用公式计算出每种产品的总金额(总金额＝数量＊单价),设置"总金额"列所有单元格的货币格式为￥。

(3)对 A1：F8 单元格区域内进行有标题递减排序,排序条件以"总金额"为首关键字。

	A	B	C	D	E	F	G
1	产品编号	产品名称	购货公司	数量	单价	总金额	
2	04	显示器	鸿飞公司	14	￥1,300.00	￥18,200.00	
3	06	调制解调	五十七中学	34	￥210.00	￥7,140.00	
4	05	主板	常达公司	15	￥430.00	￥6,450.00	
5	02	扫描仪	达通公司	5	￥460.00	￥2,300.00	
6	01	打印机	常达公司	2	￥500.00	￥1,000.00	
7	03	音箱	常达公司	6	￥30.00	￥180.00	
8	07	电源	通达居委会	7	￥5.70	￥39.90	
9							
10							

实践练习 3 工作表

实践练习 4：

题号：1161

请在打开的窗口中进行如下操作,操作完成后,请关闭 Excel 并保存工作簿。

在工作表 sheet1 中完成如下操作:

(1)设置标题"图书馆读者情况"单元格字体为方正姚体,字号为 16。

(2)将表格中的数据以"册数"为关键字,按降序排序。

(3)利用公式计算"总册数"行的总册数,并将结果存入相应单元格中。

在工作表 sheet2 中完成如下操作:

（4）利用"产品销售收入"和"产品销售费用"行创建图表，图表标题为"费用走势表"，图表类型为"数据点折线图"，作为对象插入 Sheet2 中。

（5）为 B7 单元格添加批注，内容为零售产品。

（6）设置"项目"列单元格的底纹颜色为淡蓝色。

在工作表 sheet3 中完成如下操作：

（7）设置表 B～E 列，宽度为 12，表 6～26 行，高度为 20。

（8）利用条件格式化功能将"英语"列中介于 60～90 的数据，单元格底纹颜色设为红色。

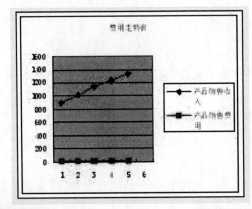

项目	1990年	1991年	1992年	1993年	1994年
产品销售收入	900	1015	1146	1226	1335
产品销售成本	701	792	991	1008	1068
产品销售费用	10	11	12	16	20
产品销售税金	49.5	55.8	63	69.2	73
产品销售利税	139.5	156.2	160	172.8	174

实践练习 4 工作表

实践练习 5：

题号：621

请在打开的窗口中进行如下操作，操作完成后，请关闭 Excel 并保存工作簿。

有如下所示的数据表：

在工作表 sheet1 中完成如下操作：

（1）按照平时作业平均成绩占 20％，综合作业平均成绩占 30％，考试成绩占 50％比例计算出每个学生的总成绩。

（2）计算出每个学生按总成绩降序的排名。

（3）根据总评成绩（四舍五入，不保留小数）统计出各分数段的学生人数，以及各分数段所占比例。

（4）利用相应的函数计算出总评成绩的最高分、最低分和平均分。

	学号	姓名	作业1	作业2	作业3	作业4	作业5	综合1	综合2	综合3	考试	总评	排名
1	93001	郝建设	88	98	93	95	84	90	90	87	96		
2	93002	李林	73	79	79	53	77	44	40	65	64		
3	93003	卢骁	74	49	71	53	83	37	48	47	58		
4	93004	肖丽	87	87	83	86	57	64	87	90	87		
5	93005	刘璇	93	55	88	59	64	36	60	89	78		
6	93006	董国庆	89	46	82	83	87	77	67	70	75		
7	93007	王旭梅	99	90	90	90	89	78	88	90	77		
8	93008	胡珊珊	83	79	81	77	54	66	78	72	74		
9	93009	唐令一	91	77	92	98	83	96	49	90	85		
10	93010	石育秀	95	88	82	78	95	90	88	90	93		
11	93011	戴桂兰	76	51	80	68	57	72	63	83	89		
12	93012	史晨曦	72	42	77	78	46	60	50	44	55		
13	93013	陈建平	88	56	73	98	86	39	79	82	75		
14	93014	陈皓	86	73	79	77	90	80	83	83	94		
15	93015	王莹	69	84	63	71	60	69	54	59	66		
16	93016	李旭	76	49	70	58	69	66	79	40	63		
17	93017	马旭东	68	77	60	64	62	65	61	65	65		
18	93018	潘强	87	72	82	70	76	76	78	90	68		
19	93019	陈文欣	78	83	78	54	85	41	70	53	68		
20	93020	祝津	78	72	76	94	90	72	88	84	76		
21	93021	杨肖	83	62	81	92	74	37	49	67	68		
22	93022	王晓伟	72	67	70	63	80	46	43	56	52		
23	93023	曹新夏	79	90	79	75	78	35	70	81	73		
24	93024	张磊	58	51	64	76	64	57	61	75	53		
25	93025	刁政	83	75	78	93	78	77	85	80	89		

分数段统计表

分数段	人数	百分比
0-59		
60-69		
70-79		
80-89		
90-100		

最高分
最低分
平均分

筛选条件

综合2	综合3	考试

在此处建立成绩-人数分布图

实践练习5工作表

（5）在制定的单元格区域设置筛选条件，筛选出综合2成绩大于等于90且考试成绩大于等于85分的学生。

（6）根据分数段统计表建立三维簇状柱形图形式的成绩人数分布图，其中横坐标为分数段，纵坐标为人数。

第4章　PowerPoint 2010 实践指导

实践一　创建和编辑演示文稿

实践目的和要求：

1. 掌握演示文稿的创建和编辑。

2. 掌握使用设计模板建立演示文稿。

实践内容：创建和编辑演示文稿

打开D盘上名称为p1.pptx的演示文稿，并完成如下操作：

在幻灯片的标题区输入"2010年"，字体设置为黑体加粗，54磅，红色（RGB模式：红色255、绿色0、蓝色0）。设置背景填充效果预设，在幻灯片的标题区输入"2010年"，颜色为"雨后初晴"，线性向左，该幻灯片切换方式为"涟漪-居中"。

操作步骤：

① 打开D盘上名称为p1.pptx的演示文稿，在幻灯片的标题区输入"2010年"，如图4.1所示。

② 单击主标题文字"2010年"，设置【字体】为黑体，【字号】为54，【字形】为加粗，单击【字体颜色】 ⚊ 左边的三角，弹出【主题颜色】对话框，在该对话框中单击【其他颜色】弹出【颜色】对话框，选择【自定义】设置颜色为"红色 RGB（255，0，0）"。颜色设置如图4.2所示。

③ 单击幻灯片的空白处，选择【设计】→【背景】→【背景样式】→【设置背景格式】，弹出【设置背景格式】对话框，在该对话框中，选择【渐变填充】，在【预设颜色】中选择"雨后初晴"，在【类型】中选择"线性"，在【方向】中选择"向左"，单击【关闭】按钮，如图4.3所示。

图 4.1　编辑演示文稿

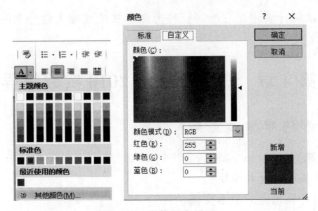

图 4.2　字体颜色设置

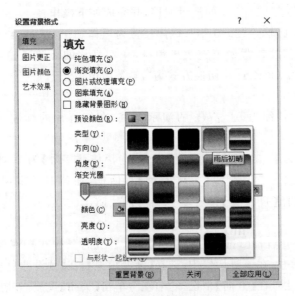

图 4.3　设置幻灯片背景

④ 单击幻灯片的空白处，选择【切换】→【切换到此幻灯片】→【涟漪】，在【效果选项】中选择【居中】，如图 4.4 所示。

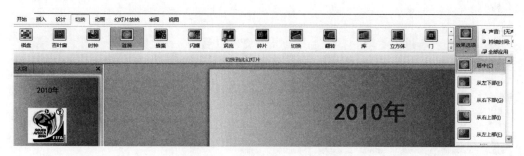

图 4.4　设置幻灯片切换方式

实践二　美化演示文稿

实践目的和要求：

1. 在幻灯片中输入文本。

2. 在幻灯片中插入图片对象。

3. 在幻灯片中插入自定义动画。

4. 在幻灯片中插入动作按钮。

5. 设置幻灯片的背景。

6. 在幻灯片中插入声音和影片。

实践内容 1： 插入新幻灯片和文本动画设置

继续使用实践一的 p1.pptx 的演示文稿，并完成如下操作：

（1）在第 1 张幻灯片后插入版式为"标题和内容"的第 2 张幻灯片，标题处输入"南非世界杯"，文本内容处输入"第十九届世界足球赛决赛周将于 2010 年 6 月在南非的 4 个城市举行。"。文本部分动画设置为"飞入""自左侧"。

（2）在该幻灯片中插入一个"前进或下一项"的动作按钮，设置超级链接为"下一张幻灯片"。

操作步骤：

① 打开 D:\p1.pptx 的演示文稿，选择【开始】→【幻灯片】组，单击【新建幻灯片】右下三角号，弹出【Office 主题】对话框，选择幻灯片的版式为"标题和内容"，然后释放鼠标，插入第 2 张版式为标题和内容的新幻灯片。

② 标题处输入"南非世界杯"，文本内容处输入"第十九届世界足球赛决赛周将于 2010 年 6 月在南非的 4 个城市举行。"。

③ 选中文本内容"第十九届世界足球赛决赛周将于 2010 年 6 月在南非的 4 个城市举行。"，单击【动画】→【动画】→【进入】→【飞入】，如图 4.5 所示。

④ 选择【动画】→【效果选项】→【自左侧】，如图 4.6 所示。

⑤ 选中第 2 张幻灯片，单击【插入】→【插图】→【形状】→【动作按钮】→【前进或下一项】

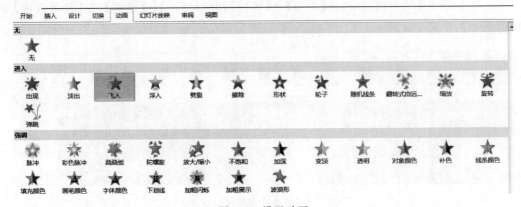

图 4.5　设置动画

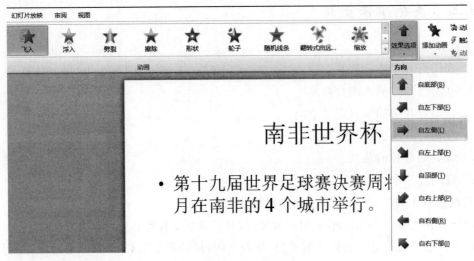

图 4.6　设置动画效果

的动作按钮,然后在幻灯片上画一个动作按钮,当释放鼠标弹出【动作设置】对话框时,设置按钮的超级链接,选择超链接为"下一张幻灯片",如图 4.7 所示。

实践内容 2:插入新幻灯片和表格

继续使用实践一的 p1.pptx 的演示文稿,并完成如下操作:

(1) 在第 2 张幻灯片后插入版式为"标题和内容"的第 3 张幻灯片,标题为"公共交通工具逃生指南",内容区插入 3 行 2 列表格,第 1 列的 1、2、3 行内容依次为"交通工具""地铁"和"公交车",第 1 行第 2 列内容为"逃生方法",表格样式为"中度样式 4-强调 2"。

(2) 该张幻灯片的背景填充设置为"球体"图案。

操作步骤:

① 打开 D:\p1.pptx 的演示文稿,选择【开始】→【幻灯片】组,单击【新建幻灯片】右下三角号,弹出【Office 主题】对话框,选择幻灯片的版式为"标题和内容",然后释放鼠标,插入第 3 张版式为标题和内容的新幻灯片。

② 单击该幻灯片文本区的"插入表格"按钮,可以在文本区插入表格,设置如图 4.8 所示。

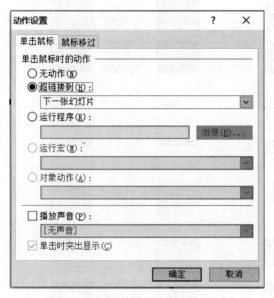

图 4.7　添加动作设置对话框按钮　　　　　　图 4.8　插入表格

③ 往表格相应的单元格输入文本,如图 4.9 所示。

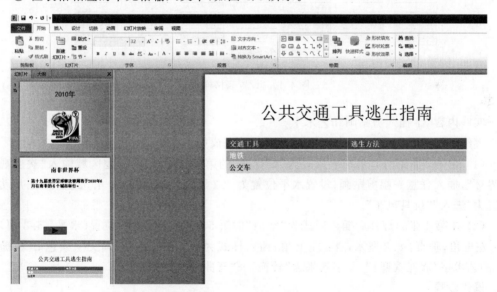

图 4.9　编辑表格

④ 选中表格,在【表格工具】→【设计】→【表格样式】组中,选中表格样式为"中度样式 4-强调 2",如图 4.10 所示。

⑤ 选中第 3 张幻灯片,选择【设计】→【背景】→【背景样式】→【设置背景格式】,弹出【设置背景格式】对话框,选择【图案填充】,在【图案】中选择"球体",如图 4.11 所示。

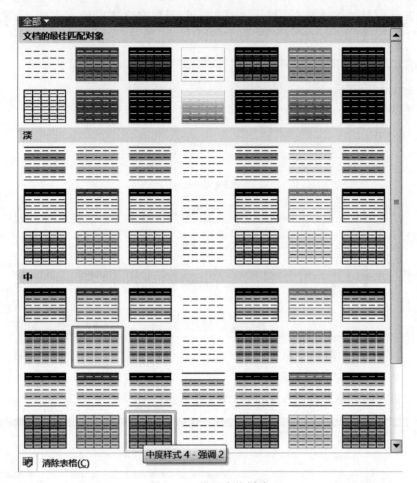

图 4.10　设置表格样式

实践内容 3：插入剪贴画和艺术字

继续使用实践一的 p1.pptx 的演示文稿，并完成如下操作：

（1）在第 3 张幻灯片后插入版式为"仅标题"的第 4 张幻灯片，标题区域输入"欢迎观看世界杯"，插入任意一幅剪贴画，设置水平位置为 7.2 厘米，垂直位置为 4.02 厘米，图片动画设置为"进入""玩具风车"。

（2）在第 4 张幻灯片后插入版式为"空白"的第 5 张幻灯片，并在位置（水平：5.3 厘米，自：左上角，垂直：8.2 厘米，自：左上角）插入样式为"填充-蓝色，强调文字颜色 2，粗糙棱台"的艺术字"欢迎欢迎!"，文字效果为"转换"→"弯曲"→"倒 V 形"。

操作步骤：

① 打开 D:\p1.pptx 的演示文稿，选择【开始】→【幻灯片】组，单击【新建幻灯片】右下三角号，弹出【Office 主题】对话框，选择幻灯片的版式为"仅标题"，然后释放鼠标，插入第 4 张版式为"仅标题"的新幻灯片。然后按照相似的操作插入版式为"空白"的第 5 张幻灯片。

② 选中第 4 张幻灯片，在标题处输入内容，然后在空白处插入任意一张剪贴画，如图 4.12 所示。

图 4.11　设置背景图案

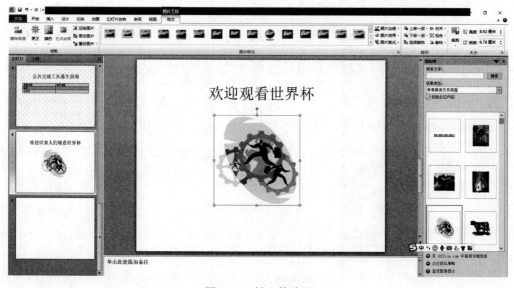

图 4.12　插入剪贴画

③ 选中该剪贴画,单击【图片工具】→【大小】对话框启动器,打开设置图片格式对话框,进行如图 4.13 所示的图片位置的设置。

④ 选中第 5 张幻灯片,选中【插入】→【艺术字】的样式为"填充-蓝色,强调文字颜色 2,粗糙棱台"样式,如图 4.14 所示。

上机实践指导

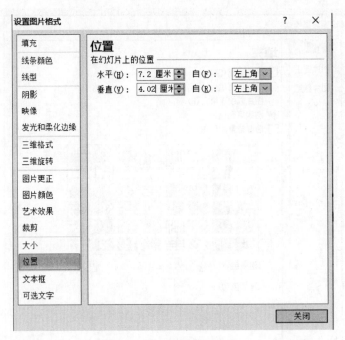

图 4.13　设置剪贴画位置

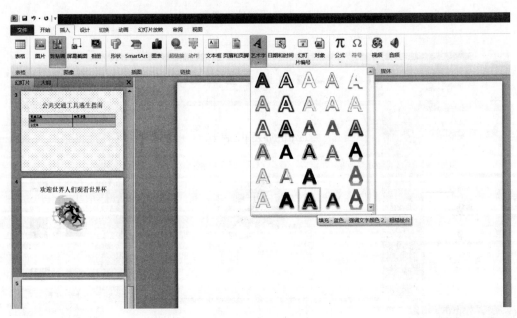

图 4.14　插入艺术字

⑤ 在艺术字框内输入文本"欢迎欢迎!",选中该艺术字,单击【绘图工具】→【格式】→【大小】对话框启动器,打开设置图片格式对话框,设置艺术字的位置。

⑥ 选中该艺术字,单击【绘图工具】→【格式】→【艺术字样式】→【文本效果】对话框启动器,设置文字效果为"转换"→"弯曲"→"倒 V 形",如图 4.15 所示。

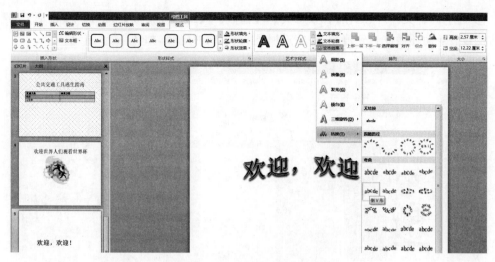

图 4.15　设置艺术字效果

实践内容 4：设置背景音乐和添加超级链接

继续使用实践一的 p1.pptx 的演示文稿，并完成如下操作：

（1）演示文稿播放的全程需要有背景音乐（任意一个声音文件），设置声音文件操作为"自动"播放。

（2）为第 2 张幻灯片的标题文字添加超级链接为"下一张幻灯片"。

（3）使用"暗香扑面"主题设置幻灯片背景。

（4）全部幻灯片放映方式设置为"观众自行浏览（窗口）"。

操作步骤：

① 打开 D:\p1.pptx 的演示文稿，选中第 1 张幻灯片，然后单击【插入】→【媒体】→【音频】→【剪贴画音频】，弹出【插入音频】对话框，如图 4.16 所示。选中任意声音文件，单击【插入】按钮。

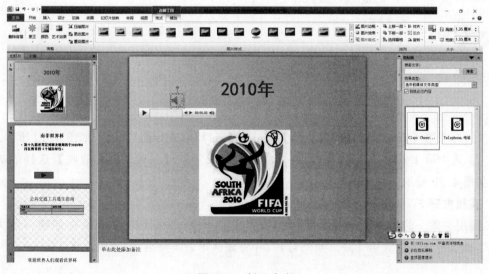

图 4.16　插入声音

② 选中声音文件,然后在【音频工具】→【播放】→【幻灯片播放】组中选中【自动】。选中相应的设置:循环播放直到停止、播完返回开头、放映时隐藏,如图 4.17 所示。

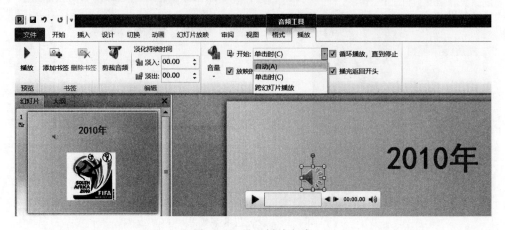

图 4.17　设置播放方式

③ 选中第 2 张幻灯片的副标题文字"南非世界杯",选择【插入】→【链接】→【超链接】,弹出【插入超链接】对话框,在"链接到"中选择【本文档中的位置】,然后选择【下一张幻灯片】,如图 4.18 所示。

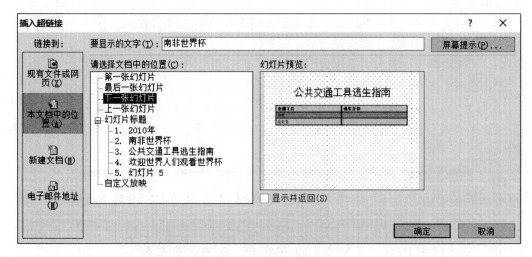

图 4.18　为文本设置超链接

④ 选中第 1 张幻灯片,选择【设计】→【主题】选择"暗香扑面"主题。如图 4.19 所示。

⑤ 选中第 1 张幻灯片,选择【幻灯片放映】→【设置】→【设置幻灯片放映】,选择放映方式,如图 4.20 所示。

实践内容 5:创建一个演示方案

使用实践一的 p1.pptx 的演示文稿,并完成如下操作:在该演示文稿中创建一个演示方案,该演示方案包含第 1、3、5 页幻灯片,并将该演示方案命名为"放映方案 1"。

图 4.19　设置幻灯片主题

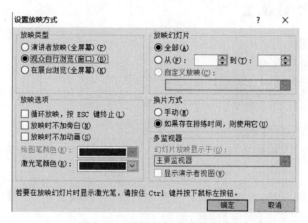

图 4.20　设置幻灯片放映方式

操作步骤：

① 选择【幻灯片放映】→【自定义幻灯片放映】，弹出【自定义放映】对话框，如图 4.21 所示。然后单击【新建】按钮，新建放映方案。

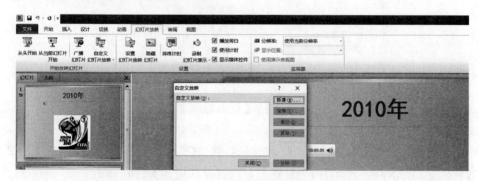

图 4.21　自定义幻灯片放映

上机实践指导

② 在弹出的【定义自定义放映】对话框中,输入幻灯片放映名称:"放映方案1",然后将第1、3、5张幻灯片依次添加到右侧的窗口中,如图4.22所示。

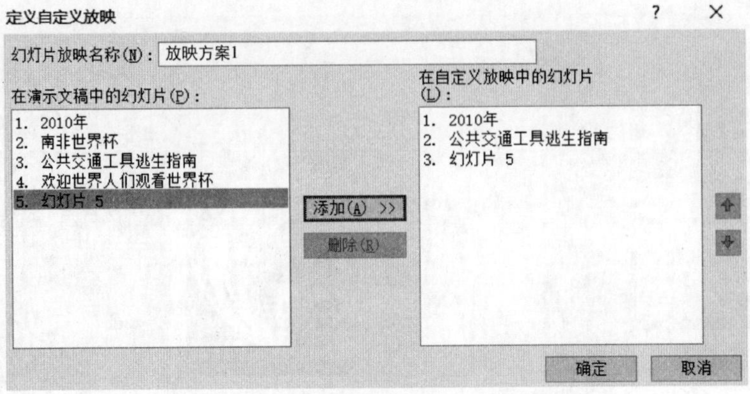

图 4.22　设置自定义放映方案

实践三　幻灯片的设置

实践目的和要求:

设置幻灯片的宽度和编号。

实践内容: 幻灯片的宽度和编号的设置

使用实践一的 p1.pptx 的演示文稿,并完成如下操作:

(1) 设置第三张幻灯片的宽度为 24.34 厘米。

(2) 在每页幻灯片(标题页除外,相同位置)右下角:编号(从 1 号开始)。

操作步骤:

① 选中第三张幻灯片,选择【设计】→【页面设置】,弹出【页面设置】对话框,设置幻灯片的宽度为 24.34 厘米,单击【确定】按钮,如图 4.23 所示。

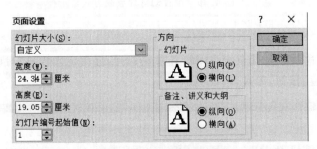

图 4.23　页面设置对话框

② 选中任意一张幻灯片,选择【设计】→【页面设置】,弹出【页面设置】对话框,设置【幻灯片编号起始值】为 0,单击【确定】按钮,如图 4.24 所示。

③ 选择【插入】→【文本】组→【幻灯片编号】,弹出【页眉和页脚】对话框,选中【幻灯片编号】和【在标题幻灯片中不显示】两个复选框,单击【全部应用】按钮,如图 4.25 所示。

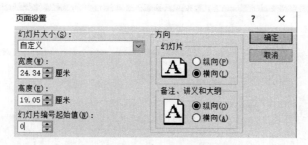

图 4.24　设置幻灯片编号起始值

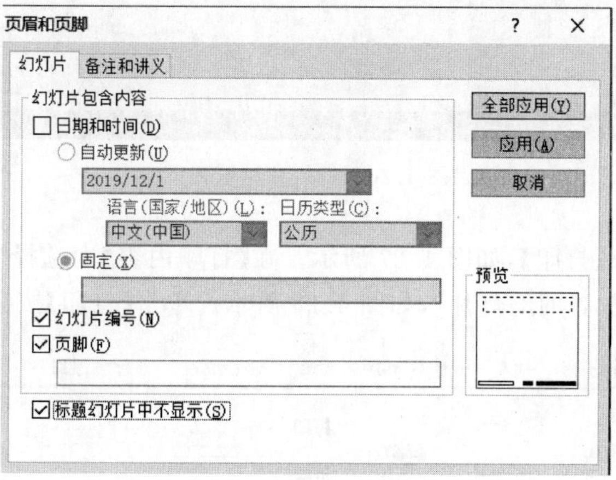

图 4.25　添加幻灯片编号

实践四　打印演示文稿

实践目的和要求：

1. 插入、移动和删除幻灯片。

2. 设置幻灯片的打印方式。

实践内容 1：插入、移动和删除幻灯片

使用实践一的 p1.pptx 的演示文稿，完成如下操作：插入、移动和删除幻灯片。

操作步骤：

① 打开 p1.pptx 文件。

② 选择【视图】→【演示文稿视图】→【幻灯片浏览】视图，如图 4.26 所示。在浏览视图中可以很方便地进行幻灯片的插入、移动和删除操作。单击两个幻灯片的空隙会出现一条竖线，在此就可以插入新幻灯片。用鼠标拖动一张幻灯片就可以移动位置。选中一张幻灯片，单击【Delete】键就可以删除该幻灯片。

实践内容 2：以讲义方式打印幻灯片

对 p1.pptx 进行幻灯片的打印。

操作步骤：

① 打开 p1.pptx 文件。

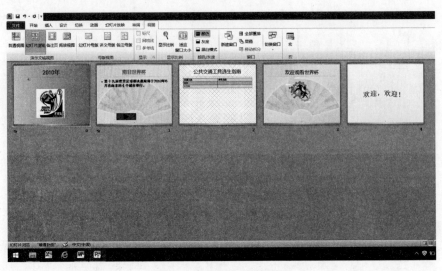

图 4.26　幻灯片浏览视图

　　② 选择【文件】→【打印】，如图 4.27 所示。在【打印内容】中选择"讲义"；在【整页幻灯片】中选择"6 张水平放置的幻灯片"，如图 4.28 所示。单击【打印】按钮即可打印。

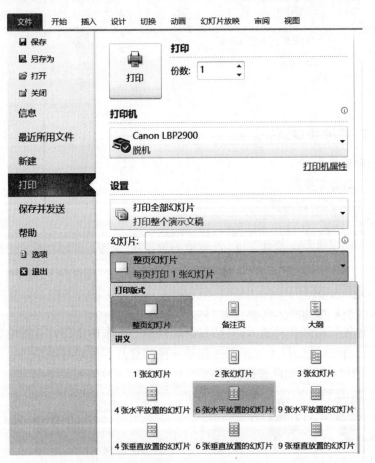

图 4.27　【打印】对话框

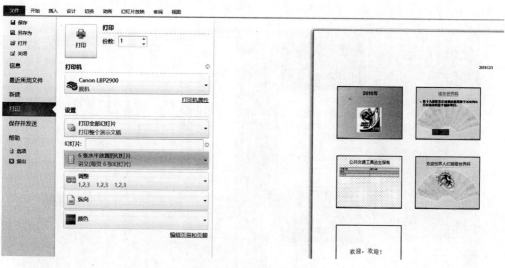

图 4.28　选择打印方式

实践五　综合练习

实践练习 1：PowerPoint 演示文稿

题号：19840

请在打开的窗口中进行如下操作，操作完成后，请关闭 PPT 并保存。

说明：考试文件不要另存到其他目录下或修改考试文件的名字。

　　　文件中所需要的指定图片在考试文件夹中查找。

　　　考试文件夹可以通过单击客户端主页面上方的考生目录路径链接进入。

打开考生文件夹下的演示文稿 yswg.pptx，按照下列要求完成对此文稿的修饰并保存。

（1）使用"奥斯汀"主题修饰全文，全部幻灯片切换效果为"闪光"，放映方式为"在展台浏览"。

（2）在第一张幻灯片前插入版式为"标题幻灯片"的新幻灯片，主标题输入"地球报告"，副标题为"雨林在呻吟"。主标题设置为：加粗、红色（RGB 颜色模式：255,0,0）。

（3）将第二张幻灯片版式改为"标题和竖排文字"，文本动画设置为"空翻"。

（4）在第二张幻灯片后插入版式为"标题和内容"的新幻灯片，标题为"雨林--高效率的生态系统"，内容区插入 5 行 2 列表格，表格样式为"浅色样式 3"，第一列的 5 行分别输入"位置""面积""植被""气候"和"降雨量"，第二列的 5 行分别输入"位于非洲中部的刚果盆地，是非洲热带雨林的中心地带""与墨西哥国土面积相当""覆盖着广阔、葱绿的原始森林""气候常年潮湿，异常闷热"和"一小时降雨量就能达到 7 英寸"。

样张：

实践练习 2：PowerPoint 演示文稿
题号：19920

请在打开的窗口中进行如下操作，操作完成后，请关闭 PPT 并保存。
说明：考试文件不要另存到其他目录下或修改考试文件的名字。

　　　　文件中所需要的指定图片在考试文件夹中查找。

　　　　考试文件夹可以通过单击客户端主页面上方的考生目录路径链接进入。

打开考生文件夹下的演示文稿 yswg.pptx，按照下列要求完成对此文稿的修饰并保存。

（1）在幻灯片的标题区中输入"中国的 DXF100 地效飞机"，文字设置为黑体、加粗、54 磅字、红色（RGB 模式：红色 255，绿色 0，蓝色 0）。

（2）插入版式为"标题和内容"的新幻灯片，作为第二张幻灯片。

（3）第二张幻灯片的标题内容为"DXF100 主要技术参数"，文本内容为"可载乘客 15 人，装有两台 300 马力航空发动机。"。

（4）第一张幻灯片中的飞机图片动画设置为"进入""飞入"，效果选项为"自右侧"。

（5）在第二张幻灯片前插入一版式为"空白"的新幻灯片，并在位置（水平：5.3 厘米，自：左上角，垂直：8.2 厘米，自：左上角）插入样式为"填充-蓝色，强调文字颜色 2，粗糙棱台"的艺术字"DXF100 地效飞机"，文字效果为"转换"→"弯曲"→"倒 V 形"。

（6）第二张幻灯片的背景预设颜色为"雨后初晴"，类型为"射线"，并将该幻灯片移为第一张幻灯片。

（7）全部幻灯片切换方案设置为"时钟"，效果选项为"逆时针"。放映方式为"观众自行浏览"。

实践练习 3：PowerPoint 演示文稿

题号：19858

请在打开的窗口中进行如下操作，操作完成后，请关闭 PPT 并保存。

说明：考试文件不要另存到其他目录下或修改考试文件的名字。

　　　文件中所需要的指定图片在考试文件夹中查找。

　　　考试文件夹可以通过单击客户端主页面上方的考生目录路径链接进入。

打开考生文件夹下的演示文稿 yswg.pptx，按照下列要求完成对此文稿的修饰并保存。

（1）第一张幻灯片的文本部分动画设置为"进入""飞入""自左侧"。

（2）在第一张幻灯片前插入一张新幻灯片，幻灯片版式为"仅标题"，标题区域输入"全球第一只人工繁殖的大熊猫"，其字体设置为黑体、加粗、字号为 69 磅、颜色为红色（请用自定义标签的红色 250、绿色 0、蓝色 0），将第三张幻灯片的背景填充设置为"球体"图案。

（3）全部幻灯片切换效果为"切出"，放映方式设置为"观众自行浏览（窗口）"。

实践练习 4：PowerPoint 演示文稿

题号：19824

请在打开的窗口中进行如下操作，操作完成后，请关闭 PPT 并保存。

说明：考试文件不要另存到其他目录下或修改考试文件的名字。

　　　文件中所需要的指定图片在考试文件夹中查找。

　　　考试文件夹可以通过单击客户端主页面上方的考生目录路径链接进入。

打开考生文件夹下的演示文稿 yswg.pptx，按照下列要求完成对此文稿的修饰并保存。

（1）第一张幻灯片的版式改为"两栏内容"，文本设置为 23 磅字，将考生文件夹下的文件 ppt1.png 插入到第一张幻灯片右侧内容区域，且设置幻灯片最佳比例。

（2）在第一张幻灯片前插入一张版式为"标题幻灯片"的新幻灯片，主标题区域输入"'红旗-7'防空导弹"，副标题区域输入"防范对奥运会的干扰和破坏"，其背景设置为"绿色大理石"纹理。

（3）第三张幻灯片版式改为"垂直排列标题与文本"，文本动画设置为"切入"，效果选项为"自顶部"。

（4）第四张幻灯片版式改为"两栏内容"。将考生文件夹下的文件 ppt2.png 插入到右侧内容区域，且设置幻灯片最佳比例。

（5）放映方式为"观众自行浏览"。

第三部分　习题及参考答案

一、计算机基础知识习题

1. 根据计算机使用的电信号来分类,电子计算机分为数字计算机和模拟计算机,其中,数字计算机是以( )为处理对象。
  A. 字符数字量   B. 物理量
  C. 数字量   D. 数字、字符和物理量

2. 下列关于世界上第一台电子计算机 ENIAC 的叙述中,不正确的是( )。
  A. ENIAC 是 1946 年在美国诞生的
  B. 它主要采用电子管和继电器
  C. 它首次采用存储程序和程序控制使计算机自动工作
  D. 它主要用于弹道计算

3. 世界上第一台计算机产生于( )。
  A. 宾夕法尼亚大学   B. 麻省理工学院
  C. 哈佛大学   D. 加州大学洛杉矶分校

4. 第一台电子计算机 ENIAC 每秒钟运算速度为( )。
  A. 5000 次   B. 5 亿次   C. 50 万次   D. 5 万次

5. 冯·诺依曼提出的计算机体系结构中硬件由( )部分组成。
  A. 2   B. 5   C. 3   D. 4

6. 科学家( )奠定了现代计算机的结构理论。
  A. 诺贝尔   B. 爱因斯坦   C. 冯·诺依曼   D. 居里

7. 冯·诺依曼计算机工作原理的核心是( )和"程序控制"。
  A. 顺序存储   B. 存储程序
  C. 集中存储   D. 运算存储分离

8. 计算机的基本理论"存储程序"是由( )提出来的。
  A. 牛顿   B. 冯·诺依曼   C. 爱迪生   D. 莫奇利和艾科特

9. 电气与电子工程师协会(IEEE)将计算机划分为( )类。
  A. 3   B. 4   C. 5   D. 6

10. 计算机中的指令和数据采用( )存储。
  A. 十进制   B. 八进制   C. 二进制   D. 十六进制

11. 第二代计算机的内存储器为( )。
  A. 水银延迟线或电子射线管   B. 磁芯存储器

C. 半导体存储器　　　　　　　　　D. 高集成度的半导体存储器

12. 第三代计算机的运算速度为每秒(　　　)。
　　A. 数千次至几万次　　　　　　　B. 几百万次至几万亿次
　　C. 几十次至几百万　　　　　　　D. 百万次至几百万次

13. 第四代计算机不具有的特点是(　　　)。
　　A. 编程使用面向对象程序设计语言
　　B. 发展计算机网络
　　C. 内存储器采用集成度越来越高的半导体存储器
　　D. 使用中小规模集成电路

14. 计算机将程序和数据同时存放在机器的(　　　)中。
　　A. 控制器　　　　　　　　　　　B. 存储器
　　C. 输入/输出设备　　　　　　　D. 运算器

15. 第 2 代计算机采用(　　　)作为其基本逻辑部件。
　　A. 磁芯　　　　　　　　　　　　B. 微芯片
　　C. 半导体存储器　　　　　　　　D. 晶体管

16. 第 3 代计算机采用(　　　)作为主存储器。
　　A. 磁芯　　　　　　　　　　　　B. 微芯片
　　C. 半导体存储器　　　　　　　　D. 晶体管

17. 大规模和超大规模集成电路是第(　　　)代计算机所主要使用的逻辑元器件。
　　A. 1　　　　　　B. 2　　　　　　C. 3　　　　　　D. 4

18. 1983 年,我国第一台亿次巨型电子计算机诞生了,它的名称是(　　　)。
　　A. 东方红　　　　B. 神威　　　　C. 曙光　　　　D. 银河

19. 我国的计算机研究始于(　　　)。
　　A. 20 世纪 50 年代　　　　　　　B. 21 世纪 50 年代
　　C. 18 世纪 50 年代　　　　　　　D. 19 世纪 50 年代

20. 我国研制的第一台计算机用(　　　)命名。
　　A. 联想　　　　B. 奔腾　　　　C. 银河　　　　D. 方正

21. 服务器(　　　)。
　　A. 不是计算机　　　　　　　　　B. 是为个人服务的计算机
　　C. 是为多用户服务的计算机　　　D. 是便携式计算机的别名

22. 对于嵌入式计算机正确的说法是(　　　)。
　　A. 用户可以随意修改其程序
　　B. 冰箱中的微电脑是嵌入式计算机的应用
　　C. 嵌入式计算机属于通用计算机
　　D. 嵌入式计算机只能用于控制设备中

23. (　　　)赋予计算机综合处理声音、图像、动画、文字、视频和音频信号的功能,是 20 世纪 90 年代计算机的时代特征。
　　A. 计算机网络技术　　　　　　　B. 虚拟现实技术
　　C. 多媒体技术　　　　　　　　　D. 面向对象技术

24. 计算机存储程序的思想是( )提出的。

    A. 图灵   B. 布尔   C. 冯·诺依曼   D. 帕斯卡

25. 计算机被分为：大型机、中型机、小型机、微型机等类型,是根据计算机的( )来划分的。

    A. 运算速度   B. 体积大小   C. 重量   D. 耗电量

26. 下列说法正确的是( )。

    A. 第三代计算机采用电子管作为逻辑开关元件

    B. 1958～1964 年期间生产的计算机被称为第二代产品

    C. 现在的计算机采用晶体管作为逻辑开关元件

    D. 计算机将取代人脑

27. ( )是计算机最原始的应用领域,也是计算机最重要的应用之一。

    A. 数值计算   B. 过程控制

    C. 信息处理   D. 计算机辅助设计

28. 在计算机的众多特点中,其最主要的特点是( )。

    A. 计算速度快   B. 存储程序与自动控制

    C. 应用广泛   D. 计算精度高

29. 某单位自行开发的工资管理系统,按计算机应用的类型划分,它属于( )。

    A. 科学计算   B. 辅助设计   C. 数据处理   D. 实时控制

30. 计算机应用最广泛的应用领域是( )。

    A. 数值计算   B. 数据处理   C. 程序控制   D. 人工智能

31. 下列四条叙述中,有错误的一条是( )。

    A. 以科学技术领域中的问题为主的数值计算称为科学计算

    B. 计算机应用可分为数值应用和非数值应用两类

    C. 计算机各部件之间有两股信息流,即数据流和控制流

    D. 对信息(即各种形式的数据)进行收集、储存、加工与传输等一系列活动的总称为实时控制

32. 金卡工程是我国正在建设的一项重大计算机应用工程项目,它属于下列哪一类应用( )。

    A. 科学计算   B. 数据处理

    C. 实时控制   D. 计算机辅助设计

33. CAI 的中文含义是( )。

    A. 计算机辅助设计   B. 计算机辅助制造

    C. 计算机辅助工程   D. 计算机辅助教学

34. 目前计算机逻辑器件主要使用( )。

    A. 磁芯   B. 磁鼓

    C. 磁盘   D. 大规模集成电路

35. 计算机应用经历了三个主要阶段,这三个阶段是超、大、中、小型计算机阶段,微型计算机阶段和( )。

    A. 智能计算机阶段   B. 掌上电脑阶段

C. 因特网阶段   D. 计算机网络阶段

36. 微型计算机属于( )计算机。

    A. 第一代   B. 第二代   C. 第三代   D. 第四代

37. 配置高速缓冲存储器(Cache)是为了解决( )。

    A. 内存和外存之间速度不匹配的问题

    B. CPU 和外存之间速度不匹配的问题

    C. CPU 和内存之间速度不匹配的问题

    D. 主机和其他外围设备之间速度不匹配的问题

38. 未来计算机发展的总趋势是( )。

    A. 微型化   B. 巨型化   C. 智能化   D. 数字化

39. 微处理器把运算器和( )集成在一块很小的硅片上,是一个独立的部件。

    A. 控制器   B. 内存储器   C. 输入设备   D. 输出设备

40. 微型计算机的基本构成有两个特点:一是采用微处理器,二是采用( )。

    A. 键盘和鼠标器作为输入设备   B. 显示器和打印机作为输出设备

    C. ROM 和 RAM 作为主存储器   D. 总线系统

41. 在微型计算机系统组成中,我们把微处理器 CPU、只读存储器 ROM 和随机存储器 RAM 三部分统称为( )。

    A. 硬件系统   B. 硬件核心模块

    C. 微机系统   D. 主机

42. 微型计算机使用的主要逻辑部件是( )。

    A. 电子管   B. 晶体管

    C. 固体组件   D. 大规模和超大规模集成电路

43. 微型计算机的系统总线是 CPU 与其他部件之间传送( )信息的公共通道。

    A. 输入、输出、运算   B. 输入、输出、控制

    C. 程序、数据、运算   D. 数据、地址、控制

44. CPU 与其他部件之间传送数据是通过( )实现的。

    A. 数据总线   B. 地址总线

    C. 控制总线   D. 数据、地址和控制总线三者

45. 计算机辅助设计的英文缩写是( )。

    A. CAD   B. CAM   C. CAE   D. CAI

46. 计算机启动时所要执行的基本指令信息存放在( )中。

    A. CPU   B. 内存   C. BIOS   D. 硬盘

47. CPU 直接访问的存储器是( )。

    A. 软盘   B. 硬盘

    C. 只读存储器   D. 随机存取存储器

48. 我们通常所说的内存条指的是( )。

    A. ROM   B. EPROM   C. RAM   D. Flash Memory

49. 下列存储器中存取周期最短的是( )。

    A. 硬盘   B. 内存储器   C. 光盘   D. 软盘

50. 计算机中,用来表示存储容量大小的最基本单位是( )。

　　A. 位　　　　　　　B. 字节　　　　　　C. 千字节　　　　　D. 兆字节

51. 1MB 等于( )。

　　A. 1024B　　　　　B. 1024KB　　　　　C. 1024MB　　　　　D. 1024bit

52. 1GB 等于( )。

　　A. 1024B　　　　　B. 1024KB　　　　　C. 1024MB　　　　　D. 1024bit

53. 计算机键盘上的 Shift 键称为( )。

　　A. 控制键　　　　　B. 上档键　　　　　C. 退格键　　　　　D. 换行键

54. 计算机键盘上的 Esc 键的功能一般是( )。

　　A. 确认　　　　　　B. 取消　　　　　　C. 控制　　　　　　D. 删除

55. 键盘上的( )键是控制键盘输入大小写切换的。

　　A. Shift　　　　　　B. Ctrl　　　　　　C. NumLock　　　　　D. Caps Lock

56. 下列( )键用于删除光标后面的字符。

　　A. Delete　　　　　B. →　　　　　　　C. Insert　　　　　　D. BackSpace

57. 下列( )键用于删除光标前面的字符。

　　A. Delete　　　　　B. →　　　　　　　C. Insert　　　　　　D. BackSpace

58. 用于插入/改写编辑方式切换的键是( )。

　　A. Ctrl　　　　　　B. Shift　　　　　　C. Alt　　　　　　　D. Insert

59. 下列选项中,( )是计算机高级语言。

　　A. Windows　　　　B. DOS　　　　　　C. Visual Basic　　　D. Word

60. 直接运行在裸机上的最基本的系统软件是( )。

　　A. Word　　　　　　B. Flash　　　　　　C. 操作系统　　　　D. 驱动程序

61. 计算机按其性能可以分为 5 大类,即巨型机、大型机、小型机、微型机和( )。

　　A. 工作站　　　　　B. 超小型机　　　　C. 网络机　　　　　D. 以上都不是

62. 把高级语言编写的源程序转换为目标程序要经过( )。

　　A. 编辑　　　　　　B. 编译　　　　　　C. 解释　　　　　　D. 汇编

63. 计算机可以直接执行的程序是( )。

　　A. 高级语言程序　　　　　　　　　　　B. 汇编语言程序

　　C. 机器语言程序　　　　　　　　　　　D. 低级语言程序

64. 用户用计算机高级语言编写的程序,通常称为( )。

　　A. 汇编程序　　　　　　　　　　　　　B. 目标程序

　　C. 源程序　　　　　　　　　　　　　　D. 二进制代码程序

65. CPU、存储器、I/O 设备是通过( )连接起来的。

　　A. 接口　　　　　　B. 总线　　　　　　C. 控制线　　　　　D. 系统文件

66. 关于计算机语言的描述,正确的是( )。

　　A. 高级语言程序可以直接运行

　　B. 汇编语言比机器语言执行速度快

　　C. 机器语言的语句全部由 0 和 1 组成

　　D. 计算机语言越高级越难以阅读和修改

67. 一般情况下调整显示器的（　　　），可减少显示器屏幕图像的闪烁或抖动。

    A. 显示分辨率　　　　　　　　　　　B. 屏幕尺寸

    C. 灰度和颜色　　　　　　　　　　　D. 刷新频率

68. 常用打印机中，印字质量最好的打印机是（　　　）。

    A. 激光打印机　　　　　　　　　　　B. 针式打印机

    C. 喷墨打印机　　　　　　　　　　　D. 热敏打印机

二、信息编码及计算机病毒习题

1. 如果一个存储单元能存放一个字节，那么一个 32KB 的存储器共有（　　　）个存储单元。

    A. 32000　　　　　B. 32768　　　　　C. 32767　　　　　D. 65536

2. 计算机能处理的最小数据单位是（　　　）。

    A. ASCII 码字符　　B. byte　　　　　C. word　　　　　D. bit

3. 二进制数 1100100 对应的十进制数是（　　　）。

    A. 384　　　　　　B. 192　　　　　　C. 100　　　　　　D. 320

4. 将十进制数 119.275 转换成二进制数约为（　　　）。

    A. 1110111.011　　　　　　　　　　B. 1110111.01

    C. 1110111.11　　　　　　　　　　D. 1110111.10

5. 将十六进制数 BF 转换成十进制数是（　　　）。

    A. 187　　　　　　B. 188　　　　　　C. 191　　　　　　D. 196

6. 将二进制数 101101.1011 转换成十六进制数是（　　　）。

    A. 2D.B　　　　　B. 22D.A　　　　　C. 2B.A　　　　　D. 2B.51

7. 十进制小数 0.625 转换成十六进制小数是（　　　）。

    A. 0.01　　　　　B. 0.1　　　　　　C. 0.A　　　　　　D. 0.001

8. 将十六进制数 3AD 转换成八进制数（　　　）。

    A. 3790　　　　　B. 1675　　　　　C. 1655　　　　　D. 3789

9. 按对应的 ASCII 码比较，下列正确的是（　　　）。

    A. A 比 B 大　　　　　　　　　　　B. f 比 Q 大

    C. 空格比逗号大　　　　　　　　　　D. H 比 R 大

10. 我国的国家标准 GB2312 用（　　　）位二进制数来表示一个字符。

    A. 8　　　　　　　B. 16　　　　　　C. 4　　　　　　　D. 7

11. 下列一组数据中的最大数是（　　　）。

    A. (227)O　　　　B. (1EF)H　　　　C. (101001)B　　　D. (789)D

12. 101101B 表示一个（　　　）进制数。

    A. 二　　　　　　B. 十　　　　　　C. 十六　　　　　D. 任意

13. 1G 表示 2 的（　　　）次方。

    A. 10　　　　　　B. 20　　　　　　C. 30　　　　　　D. 40

14. 以下关于字符之间大小关系的说法中，正确的是（　　　）。

    A. 字符与数值不同，不能规定大小关系

B. E 比 5 大

C. Z 比 x 大

D. ! 比空格小

15. 关于 ASCII 的大小关系,下列说法正确的是(　　)。

  A. a>A>9   B. A<A<空格符< p>

  C. C>b>9   D. Z<A<空格符< p>

16. 下列正确的是(　　)。

  A. 把十进制数 321 转换成二进制数是 101100001

  B. 把 100H 表示成二进制数是 101000000

  C. 把 400H 表示成二进制数是 1000000001

  D. 把 1234H 表示成十进制数是 4660

17. 十六进制数 100000 相当 2 的(　　)次方。

  A. 18   B. 19   C. 20   D. 21

18. 在计算机中 1byte 无符号整数的取值范围是(　　)。

  A. 0~256   B. 0~255   C. −128~128   D. −127~127

19. 在计算机中 1byte 有符号整数的取值范围是(　　)。

  A. −128~127   B. −127~128   C. −127~127   D. −128~128

20. 在计算机中,应用最普遍的字符编码是(　　)。

  A. 原码   B. 反码   C. ASCII 码   D. 汉字编码

21. 下列四条叙述中,正确的是(　　)。

  A. 二进制正数的补码等于原码本身

  B. 二进制负数的补码等于原码本身

  C. 二进制负数的反码等于原码本身

  D. 上述均不正确

22. 在计算机中所有的数值采用二进制的(　　)表示。

  A. 原码   B. 反码   C. 补码   D. ASCII 码

23. 下列字符中,ASCII 码值最小的是(　　)。

  A. R   B. ;   C. a   D. 空格

24. 已知小写英文字母 m 的 ASCII 码值是十六进制数 6D,则字母 q 的十六进制 ASCII 码值是(　　)。

  A. 98   B. 62   C. 99   D. 71

25. 十六进制数 −61 的二进制原码是(　　)。

  A. 10101111   B. 10110001

  C. 10101100   D. 10111101

26. 八进制数 −57 的二进制反码是(　　)。

  A. 11010000   B. 01000011

  C. 11000010   D. 11000011

27. 在 R 进制数中,能使用的最大数字符号是(　　)。

  A. 9   B. R   C. 0   D. R−1

28. 下列八进制数中不正确的是( )。

    A. 281   B. 35   C. -2   D. -45

29. ASCII 码是( )缩写。

    A. 汉字标准信息交换代码   B. 世界标准信息交换代码

    C. 英国标准信息交换代码   D. 美国标准信息交换代码

30. 下列说法正确的是( )。

    A. 计算机不做减法运算

    B. 计算机中的数值转换成反码再运算

    C. 计算机只能处理数值

    D. 计算机将数值转换成原码再计算

31. ASCII 码在计算机中用( )byte 存放。

    A. 8   B. 1   C. 2   D. 4

32. 在计算机中,汉字采用( )存放。

    A. 输入码   B. 字型码   C. 机内码   D. 输出码

33. GB 2312—80 码在计算机中用( )byte 存放。

    A. 2   B. 1   C. 8   D. 16

34. 输出汉字字形的清晰度与( )有关。

    A. 不同的字体   B. 汉字的笔画

    C. 汉字点阵的规模   D. 汉字的大小

35. 用快捷键切换中英文输入方法时按( )键。

    A. Ctrl+空格   B. Shift+空格

    C. Ctrl+Shift   D. Alt+Shift

36. 对于各种多媒体信息,( )。

    A. 计算机只能直接识别图像信息   B. 计算机只能直接识别音频信息

    C. 不需转换直接就能识别   D. 必须转换成二进制数才能识别

37. 使用无汉字库的打印机打印汉字时,计算机输出的汉字编码必须是( )。

    A. ASCII 码   B. 汉字交换码

    C. 汉字点阵信息   D. 汉字内码

38. 下列叙述中,正确的是( )。

    A. 键盘上的 F1～F12 功能键,在不同的软件下其作用是一样的

    B. 计算机内部,数据采用二进制表示,而程序则用字符表示

    C. 计算机汉字字模的作用是供屏幕显示和打印输出

    D. 微型计算机主机箱内的所有部件均由大规模、超大规模集成电路构成

39. 常用的汉字输入法属于( )。

    A. 国标码   B. 输入码   C. 机内码   D. 上述均不是

40. 计算机中的数据可分为两种类型:数字和字符,它们最终都转化为二进制才能继续存储和处理。对于人们习惯使用的十进制,通常用( )进行转换。

    A. ASCII 码   B. 扩展 ASCII 码

    C. 扩展 BCD 码   D. BCD 码

41. 计算机中的数据可分为两种类型：数字和字符，它们最终都转化为二进制才能继续存储和处理。对于字符编码通常用（　　）。

    A. ASCII 码　　　　　　　　　　　　B. 扩展 ASCII 码

    C. 扩展 BCD 码　　　　　　　　　　D. BCD 码

42. 计算机病毒是可以使整个计算机瘫痪，危害极大的（　　）。

    A. 一种芯片　　　　　　　　　　　B. 一段特制程序

    C. 一种生物病毒　　　　　　　　　D. 一条命令

43. 计算机病毒的传播途径可以是（　　）。

    A. 空气　　　　　　　　　　　　　B. 计算机网络

    C. 键盘　　　　　　　　　　　　　D. 打印机

44. 反病毒软件是一种（　　）。

    A. 操作系统　　　　　　　　　　　B. 语言处理程序

    C. 应用软件　　　　　　　　　　　D. 高级语言的源程序

45. 目前网络病毒中影响最大的主要有（　　）。

    A. 特洛伊木马病毒　　　　　　　　B. 生物病毒

    C. 文件病毒　　　　　　　　　　　D. 空气病毒

46. 目前网络病毒中影响最大的主要有（　　）。

    A. 特洛伊木马病毒　　　　　　　　B. 提高电源稳定性

    C. 文件病毒　　　　　　　　　　　D. 下载软件先用杀毒软件进行处理

47. 病毒清除是指（　　）。

    A. 去医院看医生

    B. 请专业人员清洁设备

    C. 安装监控器监视计算机

    D. 从内存、磁盘和文件中清除掉病毒程序

48. 选择杀毒软件时要关注（　　）因素。

    A. 价格　　　　　　　　　　　　　B. 软件大小

    C. 包装　　　　　　　　　　　　　D. 能够查杀的病毒种类

49. 反病毒软件（　　）。

    A. 只能检测清除已知病毒　　　　　B. 可以让计算机用户永无后顾之忧

    C. 自身不可能感染计算机病毒　　　D. 可以检测清除所有病毒

50. 在下列途径中，计算机病毒传播得最快的是（　　）。

    A. 通过光盘　　　　　　　　　　　B. 通过键盘

    C. 通过电子邮件　　　　　　　　　D. 通过盗版软件

51. 一般情况下，计算机病毒会造成（　　）。

    A. 用户患病　　　　　　　　　　　B. CPU 的破坏

    C. 硬件故障　　　　　　　　　　　D. 程序和数据被破坏

52. 若 U 盘上染有病毒，为了防止该病毒传染计算机系统，正确的措施是（　　）。

    A. 删除该 U 盘上所有程序　　　　　B. 给该 U 盘加上写保护

    C. 将 U 盘放一段时间后再使用　　　D. 将该软盘重新格式化

53. 计算机病毒的主要特点是(　　)。
    A. 传播性、破坏性　　　　　　　B. 传染性、破坏性
    C. 排他性、可读性　　　　　　　D. 隐蔽性、排他性

54. 系统引导型病毒寄生在(　　)。
    A. 硬盘上　　　　B. 键盘上　　　　C. CPU 中　　　　D. 邮件中

55. 计算机安全包括(　　)。
    A. 系统资源安全　　　　　　　　B. 信息资源安全
    C. 系统资源安全和信息资源安全　D. 防盗

56. 下列关于计算机病毒描述错误的是(　　)。
    A. 病毒是一种人为编制的程序
    B. 病毒可能破坏计算机硬件
    C. 病毒相对于杀毒软件永远是超前的
    D. 格式化操作也不能彻底清除软盘中的病毒

57. 使计算机病毒传播范围最广的媒介是(　　)。
    A. 硬磁盘　　　　B. 软磁盘　　　　C. 内部存储器　　　　D. 互联网

58. 多数情况下由计算机病毒程序引起的问题属于(　　)故障。
    A. 硬件　　　　B. 软件　　　　C. 操作　　　　D. 上述均不是

三、操作系统及 Windows 习题

1. Windows 中将信息传送到剪贴板不正确的方法是(　　)。
    A. 用"复制"命令把选定的对象送到剪贴板
    B. 用"剪切"命令把选定的对象送到剪贴板
    C. 用 Ctrl＋V 把选定的对象送到剪贴板
    D. Alt＋PrintScreen 把当前窗口送到剪贴板

2. 在 Windows 的回收站中,可以恢复(　　)。
    A. 从硬盘中删除的文件或文件夹　　B. 从软盘中删除的文件或文件夹
    C. 剪切掉的文档　　　　　　　　　D. 从光盘中删除的文件或文件夹

3. Windows 7 是一种(　　)。
    A. 操作系统　　　　　　　　　　　B. 字处理系统
    C. 电子表格系统　　　　　　　　　D. 应用软件

4. 在 Windows 中,将某一程序项移动到一打开的文件夹中,应(　　)。
    A. 单击鼠标左键　　　　　　　　　B. 双击鼠标左键
    C. 拖曳　　　　　　　　　　　　　D. 单击或双击鼠标右键

5. 在 Windows 7 中,将中文输入方式切换到英文方式,应同时按(　　)键。
    A. Shift＋＜空格＞　　　　　　　　B. Ctrl＋＜空格＞
    C. Alt＋＜空格＞　　　　　　　　　D. Enter＋＜空格＞

6. 在 Windows 中,回收站是(　　)。
    A. 内存中的一块区域　　　　　　　B. 硬盘上的一块区域
    C. 软盘上的一块区域　　　　　　　D. 高速缓存中的一块区域

7. 在 Windows 7 计算机中,当删除一个或一组目录时,该目录或该目录组下的( )将被删除。

  A. 文件

  B. 所有子目录

  C. 所有子目录及其所有文件

  D. 所有子目录下的所有文件(不含子目录)

8. 在 Windows 7 计算机中,单击第一个文件名后,按住( )键,再单击另外一个文件,可选定一组不连续的文件。

  A. Ctrl   B. Alt   C. Shift   D. Tab

9. 在 Windows 7 计算机中,选定文件或目录后,拖曳到指定位置,可完成对文件或子目录的( )操作。

  A. 复制   B. 移动或复制 C. 重命名   D. 删除

10. 计算机软件系统应包括( )。

  A. 操作系统和语言处理系统   B. 数据库软件和管理软件

  C. 程序和数据   D. 系统软件和应用软件

11. 系统软件中最重要的是( )。

  A. 解释程序   B. 操作系统

  C. 数据库管理系统   D. 工具软件

12. 一个完整的计算机系统包括( )两大部分。

  A. 控制器和运算器   B. CPU 和 I/O 设备

  C. 硬件和软件   D. 操作系统和计算机设备

13. 应用软件是指( )。

  A. 游戏软件

  B. Windows 7

  C. 信息管理软件

  D. 用户编写或帮助用户完成具体工作的各种软件

14. Windows 2000 和 Windows 7 都是( )。

  A. 最新程序 B. 应用软件 C. 工具软件 D. 操作系统

15. 操作系统是( )之间的接口。

  A. 用户和计算机   B. 用户和控制对象

  C. 硬盘和内存   D. 键盘和用户

16. 计算机能直接执行( )。

  A. 高级语言编写的源程序   B. 机器语言程序

  C. 英语程序   D. 十进制程序

17. 将高级语言翻译成机器语言的方式有两种( )。

  A. 解释和编译   B. 文字处理和图形处理

  C. 图像处理和翻译   D. 语音处理和文字编辑

18. 银行的储蓄程序属于( )。

  A. 表格处理软件 B. 系统软件 C. 应用软件   D. 文字处理软件

19. 计算机软件一般指（　　）。

    A. 程序　　　　　　B. 数据　　　　　　C. 有关文档资料　　D. 上述三项

20. 为解决各类应用问题而编写的程序，例如人事管理系统，称为（　　）。

    A. 系统软件　　　　B. 支撑软件　　　　C. 应用软件　　　　D. 服务性程序

21. （　　）语言是用助记符代替操作码、地址符号代替操作数的面向机器的语言。

    A. 汇编　　　　　　B. FORTRAN　　　　C. 机器　　　　　　D. 高级

22. 将高级语言程序翻译成等价的机器语言程序，需要使用（　　）软件。

    A. 汇编程序　　　　B. 编译程序　　　　C. 连接程序　　　　D. 解释程序

23. 关于计算机语言的描述，正确的是（　　）。

    A. 高级语言程序可以直接运行

    B. 汇编语言比机器语言执行速度快

    C. 机器语言的语句全部由 0 和 1 组成

    D. 计算机语言越高级越难以阅读和修改

24. 关于计算机语言的描述，正确的是（　　）。

    A. 机器语言因为是面向机器的低级语言，所以执行速度慢

    B. 机器语言的语句全部由 0 和 1 组成，指令代码短，执行速度快

    C. 汇编语言已将机器语言符号化，所以它与机器无关

    D. 汇编语言比机器语言执行速度快

25. 关于计算机语言的描述，正确的是（　　）。

    A. 翻译高级语言源程序时，解释方式和编译方式并无太大差别

    B. 用高级语言编写的程序其代码效率比汇编语言编写的程序要高

    C. 源程序与目标程序是互相依赖的

    D. 对于编译类计算机语言，源程序不能被执行，必须产生目标程序才能被执行

26. 用户用计算机高级语言编写的程序，通常称为（　　）。

    A. 汇编程序　　　　　　　　　　　　B. 目标程序

    C. 源程序　　　　　　　　　　　　D. 二进制代码程序

27. Visual Basic 语言是（　　）。

    A. 操作系统　　　　B. 机器语言　　　　C. 高级语言　　　　D. 汇编语言

28. 下列选项中，（　　）是计算机高级语言。

    A. Windows　　　　B. DOS　　　　　　C. Visual Basic　　　D. Word

四、Internet 和网络基础习题

1. HTTP 是一种（　　）。

    A. 高级程序设计语言　　　　　　　　B. 超文本传输协议

    C. 域名　　　　　　　　　　　　　　D. 网址超文本传输协议

2. 计算机网络的主要目标是实现（　　）。

    A. 即时通信　　　　B. 发送邮件　　　　C. 运算速度快　　　D. 资源共享

3. E-mail 的中文含义是（　　）。

    A. 远程查询　　　　B. 文件传输　　　　C. 远程登录　　　　D. 电子邮件

4. Internet 的前身是( )。

 A. ARPANET   B. ENIVAC   C. TCP/IP   D. MILNET

5. 下列选项中,正确的 IP 地址格式是( )。

 A. 202.202.1   B. 202.2.2.2.2

 C. 202.118.118.1   D. 202.258.14.13

6. ( )类 IP 地址是组广播地址。

 A. A   B. B   C. C   D. D

7. 下列( )不是计算机网络必须具备的要素。

 A. 网络服务   B. 连接介质   C. 协议   D. 交换机

8. 下列( )不是按网络拓扑结构的分类。

 A. 星型网   B. 环型网   C. 校园网   D. 总线型网

9. 下列( )网络拓扑结构对中央节点的依赖性最强。

 A. 星型   B. 环型   C. 总线型   D. 链型

10. 计算机网络按其传输带宽方式分类,可分为( )。

 A. 广域网和骨干网   B. 局域网和接入网

 C. 基带网和宽带网   D. 宽带网和窄带网

11. 下列( )是网络操作系统。

 A. TCP/IP 网   B. ARP

 C. WINDOWS NT   D. Internet

12. 调制解调器的英文名称是( )。

 A. Bridge   B. Router   C. Gateway   D. Modem

13. 计算机网络是由通信子网和( )组成。

 A. 网卡   B. 服务器   C. 网线   D. 资源子网

14. 企业内部网是采用 TCP/IP 技术,集 LAN、WAN 和数据服务为一体的一种网络,它也称为( )。

 A. 广域网   B. Internet   C. 局域网   D. Intranet

15. Internet 属于( )。

 A. 局域网   B. 广域网   C. 全局网   D. 主干网

16. E-mail 地址中@后面的内容是指( )。

 A. 密码   B. 邮件服务器名称

 C. 账号   D. 服务提供商名称

17. 下列有关网络的说法中,( )是错误的。

 A. OSI/RM 分为七个层次,最高层是表示层

 B. 在电子邮件中,除文字、图形外,还可包含音乐、动画等

 C. 如果网络中有一台计算机出现故障,对整个网络不一定有影响

 D. 在网络范围内,用户可被允许共享软件、数据和硬件

18. 网络上可以共享的资源有( )。

 A. 传真机,数据,显示器   B. 调制解调器,内存,图像等

 C. 打印机,数据,软件等   D. 调制解调器,打印机,缓存

19. 在 OSI/RM 协议模型的数据链路层,数据传输的基本单位是( )。
    A. 比特　　　　　　B. 帧　　　　　　C. 分组　　　　　　D. 报文
20. 在 OSI/RM 协议模型的物理层,数据传输的基本单位是( )。
    A. 比特　　　　　　B. 帧　　　　　　C. 分组　　　　　　D. 报文
21. 下列网络中,不属于局域网的是( )。
    A. 因特网　　　　　　　　　　　　B. 工作组网络
    C. 中小企业网络　　　　　　　　　D. 校园计算机网
22. 下列传输介质中,属于无线传输介质的是( )。
    A. 双绞线　　　　　B. 微波　　　　　C. 同轴电缆　　　　D. 光缆
23. 下列传输介质中,属于有线传输介质的是( )。
    A. 红外　　　　　　B. 蓝牙　　　　　C. 同轴电缆　　　　D. 微波
24. 下列传输介质中,传输信号损失最小的是( )。
    A. 双绞线　　　　　B. 同轴电缆　　　C. 光缆　　　　　　D. 微波
25. 中继器是工作在( )的设备。
    A. 物理层　　　　　B. 数据链路层　　C. 网络层　　　　　D. 传输层
26. 集线器又被称作( )。
    A. Switch　　　　　B. Router　　　　　C. Hub　　　　　　D. Gateway
27. 关于计算机网络协议,下面说法错误的是( )。
    A. 网络协议就是网络通信的内容
    B. 制定网络协议是为了保证数据通信的正确、可靠
    C. 计算机网络的各层及其协议的集合,称为网络的体系结构
    D. 网络协议通常由语义、语法、变换规则 3 部分组成
28. 路由器工作在 OSI/RM 网络协议参考模型的( )。
    A. 物理层　　　　　B. 网络层　　　　　C. 传输层　　　　　D. 会话层
29. 计算机接入局域网需要配备( )。
    A. 网卡　　　　　　B. MODEM　　　　　C. 声卡　　　　　　D. 打印机
30. 下列说法错误的是( )。
    A. 因特网中的 IP 地址是唯一的　　　B. IP 地址由网络地址和主机地址组成
    C. 一个 IP 地址可对应多个域名　　　D. 一个域名可对应多个 IP 地址
31. IP 地址格式写成十进制时有( )组十进制数。
    A. 8　　　　　　　　B. 4　　　　　　　C. 5　　　　　　　　D. 32
32. IP 地址为 192.168.120.32 的地址是( )类地址。
    A. A　　　　　　　　B. B　　　　　　　C. C　　　　　　　　D. D
33. 依据前三位二进制代码,判别以下( )IP 地址属于 C 类地址。
    A. 010……　　　　　B. 100……　　　　C. 110……　　　　　D. 111……
34. IP 地址为 10.1.10.32 的地址是( )类地址。
    A. A　　　　　　　　B. B　　　　　　　C. C　　　　　　　　D. D
35. 依据前四位二进制代码,判别以下( )IP 地址属于 D 类地址。
    A. 0100……　　　　　B. 1000……　　　　C. 1100……　　　　D. 1110……

36. IP 地址为 172.15.260.32 的地址是(　　)类地址。

    A. A　　　　　　　　B. B　　　　　　　　C. C　　　　　　　　D. 无效地址

37. 每块网卡的物理地址是(　　)。

    A. 可以重复的　　　　　　　　　　　　B. 唯一的

    C. 可以没有地址　　　　　　　　　　　D. 任意长度的

38. 下列属于计算机网络通信设备的是(　　)。

    A. 显卡　　　　　　B. 网卡　　　　　　C. 音箱　　　　　　D. 声卡

39. 下列属于计算机网络特有设备的是(　　)。

    A. 显示器　　　　　B. 光盘驱动器　　　C. 路由器　　　　　D. 鼠标器

40. 依据前三位二进制代码,判别以下哪个 IP 地址属于 A 类地址(　　)。

    A. 010……　　　　B. 111……　　　　C. 110……　　　　D. 100……

41. 网卡属于计算机的(　　)。

    A. 显示设备　　　　B. 存储设备　　　　C. 打印设备　　　　D. 网络设备

42. Internet 中 URL 的含义是(　　)。

    A. 统一资源定位器　　　　　　　　　　B. Internet 协议

    C. 简单邮件传输协议　　　　　　　　　D. 传输控制协议

43. 要能顺利发送和接收电子邮件,下列设备必需的是(　　)。

    A. 打印机　　　　　B. 邮件服务器　　　C. 扫描仪　　　　　D. Web 服务器

44. 用 Outlook Express 接收电子邮件时,收到的邮件中带有回形针状标志,说明该邮件(　　)。

    A. 有病毒　　　　　B. 有附件　　　　　C. 没有附件　　　　D. 有黑客

45. OSI/RM 协议模型的最底层是(　　)。

    A. 应用层　　　　　B. 网络层　　　　　C. 物理层　　　　　D. 传输层

46. 地址栏中输入的 http://zjhk.school.com 中,zjhk.school.com 是一个(　　)。

    A. 域名　　　　　　B. 文件　　　　　　C. 邮箱　　　　　　D. 国家

47. 欲将一个 play.exe 文件发送给远方的朋友,可以把该文件放在电子邮件的(　　)。

    A. 正文中　　　　　B. 附件中　　　　　C. 主题中　　　　　D. 地址中

48. 电子邮件地址 stu@zjschool.com 中的 zjschool.com 是代表(　　)。

    A. 用户名　　　　　　　　　　　　　　B. 学校名

    C. 学生姓名　　　　　　　　　　　　　D. 邮件服务器名称

49. E-mail 地址的格式是(　　)。

    A. www.zjschool.cn　　　　　　　　　B. 网址·用户名

    C. 账号@邮件服务器名称　　　　　　　D. 用户名·邮件服务器名称

五、多媒体知识习题

1. 在多媒体应用中,文本的多样化主要是通过其(　　)表现出来的。

    A. 文本格式　　　　B. 编码　　　　　　C. 内容　　　　　　D. 存储格式

2. 下面关于图形媒体元素的描述,说法不正确的是(　　)。

    A. 图形也称矢量图　　　　　　　　　　B. 图形主要由直线和弧线等实体组成

C. 图形易于用数学方法描述　　　　　　D. 图形在计算机中用位图格式表示

3. 下面关于(静止)图像媒体元素的描述,说法不正确的是(　　　)。

    A. 静止图像和图形一样具有明显规律的线条

    B. 图像在计算机内部只能用称之为"像素"的点阵来表示

    C. 图形与图像在普通用户看来是一样的,但计算机对它们的处理方法完全不同

    D. 图像较图形在计算机内部占据更大的存储空间

4. 分辨率影响图像的质量,在图像处理时需要考虑(　　　)。

    A. 屏幕分辨率　　　B. 显示分辨率　　　C. 像素分辨率　　　D. 上述三项

5. 屏幕上每个像素都用一个或多个二进制位描述其颜色信息,256 种灰度等级的图像每个像素用(　　　)个二进制位描述其颜色信息。

    A. 1　　　　　　　B. 4　　　　　　　C. 8　　　　　　　D. 24

6. PCX、BMP、TIFF、JPG、GIF 等格式的文件是(　　　)。

    A. 动画文件　　　B. 视频数字文件　　C. 位图文件　　　D. 矢量文件

7. WMF、DXF 等格式的文件是(　　　)。

    A. 动画文件　　　B. 视频数字文件　　C. 位图文件　　　D. 矢量文件

8. 因特网上最常用的用来传输图像的存储格式是(　　　)。

    A. WAV　　　　　B. BMP　　　　　C. MID　　　　　D. JPEG

9. 图像数据压缩的目的是为了(　　　)。

    A. 符合 ISO 标准　　　　　　　　　　B. 减少数据存储量,便于传输

    C. 图像编辑的方便　　　　　　　　　　D. 符合各国的电视制式

10. 视频信号数字化存在的最大问题是(　　　)。

    A. 精度低　　　　　B. 设备昂贵　　　C. 过程复杂　　　D. 数据量大

11. 下列声音文件格式中,(　　　)是波形文件格式。

    A. WAV　　　　　B. CMF　　　　　C. VOC　　　　　D. MID

12. 计算机在存储波形声音之前,必须进行(　　　)。

    A. 压缩处理　　　B. 解压缩处理　　　C. 模拟化处理　　D. 数字化处理

13. 计算机先要用(　　　)设备把波形声音的模拟信号转换成数字信号再处理或存储。

    A. 模/数转换器　　B. 数/模转换器　　C. VCD　　　　　D. DVD

14. (　　　)直接影响声音数字化的质量。

    A. 采样频率　　　B. 采样精度　　　C. 声道数　　　　D. 上述三项

15. MIDI 标准的文件中存放的是(　　　)。

    A. 波形声音的模拟信号　　　　　　　　B. 波形声音的数字信号

    C. 计算机程序　　　　　　　　　　　　D. 符号化的音乐

16. 不能用来存储声音的文件格式是(　　　)。

    A. WAV　　　　　B. JPG　　　　　C. MID　　　　　D. MP3

17. 声卡是多媒体计算机不可缺少的组成部分,是(　　　)。

    A. 纸做的卡片　　　　　　　　　　　　B. 塑料做的卡片

    C. 一块专用器件　　　　　　　　　　　D. 一种圆形唱片

18. 下面关于动画媒体元素的描述,说法不正确的是( )。

    A. 动画也是一种活动影像
    B. 动画有二维和三维之分

    C. 动画只能逐幅绘制
    D. SWF 格式文件可以保存动画

19. 下面关于多媒体数据压缩技术的描述,说法不正确的是( )。

    A. 数据压缩的目的是为了减少数据存储量,便于传输和回放

    B. 图像压缩就是在没有明显失真的前提下,将图像的位图信息转变成另外一种能将数据量缩减的表达形式

    C. 数据压缩算法分为有损压缩和无损压缩

    D. 只有图像数据需要压缩

20. MPEG 是一种图像压缩标准,其含义是( )。

    A. 联合静态图像专家组
    B. 联合活动图像专家组

    C. 国际标准化组织
    D. 国际电报电话咨询委员会

21. DVD 光盘采用的数据压缩标准是( )。

    A. MPEG-1   B. MPEG-2   C. MPEG-4   D. MPEG-7

22. 常用于存储多媒体数据的存储介质是( )。

    A. CD-ROM、VCD 和 DVD
    B. 可擦写光盘和一次写光盘

    C. 大容量磁盘与磁盘阵列
    D. 上述三项

23. 音频和视频信号的压缩处理需要进行大量的计算和处理,输入和输出往往要实时完成,要求计算机具有很高的处理速度,因此要求有( )。

    A. 高速运算的 CPU 和大容量的内存储器 RAM

    B. 多媒体专用数据采集和还原电路

    C. 数据压缩和解压缩等高速数字信号处理器

    D. 上述三项

24. 多媒体计算机系统由( )。

    A. 计算机系统和各种媒体组成

    B. 计算机和多媒体操作系统组成

    C. 多媒体计算机硬件系统和多媒体计算机软件系统组成

    D. 计算机系统和多媒体输入输出设备组成

25. 下面是关于多媒体计算机硬件系统的描述,不正确的是( )。

    A. 摄像机、话筒、录像机、录音机、扫描仪等是多媒体输入设备

    B. 打印机、绘图仪、电视机、音响、录像机、录音机、显示器等是多媒体输出设备

    C. 多媒体功能卡一般包括声卡、视卡、图形加速卡、多媒体压缩卡、数据采集卡等

    D. 由于多媒体信息数据量大,一般用光盘而不用硬盘作为存储介质

26. 下列设备,不能作为多媒体操作控制设备的是( )。

    A. 鼠标器和键盘
    B. 操纵杆

    C. 触摸屏
    D. 话筒

27. 多媒体计算机软件系统由( )、多媒体数据库、多媒体压缩解压缩程序、声像同步处理程序、通信程序、多媒体开发制作工具软件等组成。

    A. 多媒体应用软件
    B. 多媒体操作系统

C. 多媒体系统软件　　　　　　　　　　D. 多媒体通信协议

28. 采用工具软件不同,计算机动画文件的存储格式也就不同。以下几种文件的格式中(　　)不是计算机动画格式。

    A. GIF 格式　　　　B. MIDI 格式　　　　C. SWF 格式　　　　D. MOV 格式

29. 请根据多媒体的特性判断以下(　　)属于多媒体的范畴。

    A. 交互式视频游戏　　　　　　　　　　B. 图书

    C. 彩色画报　　　　　　　　　　　　　D. 彩色电视

30. 要把一台普通的计算机变成多媒体计算机,(　　)不是要解决的关键技术。

    A. 数据共享　　　　　　　　　　　　　B. 多媒体数据编码和解码技术

    C. 视频音频数据的实时处理和特技　　　D. 视频音频数据的输出技术

31. 多媒体技术未来发展的方向是(　　)。

    A. 高分辨率,提高显示质量　　　　　　B. 高速度化,缩短处理时间

    C. 简单化,便于操作　　　　　　　　　D. 智能化,提高信息识别能力

32. 数字音频采样和量化过程所用的主要硬件是(　　)。

    A. 数字编码器　　　　　　　　　　　　B. 数字解码器

    C. 模拟到数字的转换器(A/D 转换器)　D. 数字到模拟的转换器(D/A 转换器)

33. 音频卡是按(　　)分类的。

    A. 采样频率　　　　B. 声道数　　　　C. 采样量化位数　　　D. 压缩方式

34. 两分钟双声道,16 位采样位数,22.05kHz 采样频率声音的不压缩的数据量是(　　)。

    A. 5.05MB　　　　B. 12.58 MB　　　　C. 10.34 MB　　　　D. 10.09 MB

35. 目前音频卡具备以下(　　)功能。

    A. 录制和回放数字音频文件　　　　　　B. 混音

    C. 语音特征识别　　　　　　　　　　　D. 实时解/压缩数字单频文件

36. 下列(　　)是图像和视频编码的国际标准。

    A. JPEG　　　　B. MPEG　　　　C. ADPCM　　　　D. AVI

37. 以下文件格式中不是图像文件格式的是(　　)。

    A. pcx　　　　B. gif　　　　C. wmf　　　　D. mpg

38. 光盘按其读写功能可分为(　　)。

    A. 只读光盘/可擦写光盘　　　　　　　B. CD/DVD/VCD

    C. 3.5/5/8 英寸　　　　　　　　　　　D. 塑料/铝合金

39. 按照光驱在计算机上的安装方式,光驱一般可分为(　　)。

    A. 内置式和外置式　　　　　　　　　　B. 只读和可擦写光驱

    C. CD 和 DVD 光驱　　　　　　　　　D. 3.5 和 5.25 英寸光驱

40. 以下(　　)功能不是声卡应具有的功能。

    A. 具有与 MIDI 设备和 CD-ROM 驱动器的连接功能

    B. 合成和播放音频文件

    C. 压缩和解压缩音频文件

    D. 编辑加工视频和音频数据

习题及参考答案

41. 多媒体技术能处理的对象包括字符、数值、声音和(　　)数据。

    A. 图像　　　　　　　B. 电压　　　　　　　C. 磁盘　　　　　　　D. 电流

42. 描述多媒体计算机较为全面的说法是指(　　)。

    A. 带有视频处理和音频处理功能的计算机

    B. 带有 CD-ROM 的计算机

    C. 可以存储多媒体文件的计算机

    D. 可以播放 CD 的计算机

43. 有关多媒体计算机处理的信息类型以下说法中最全面的是(　　)。

    A. 文字,数字,图形,音频

    B. 文字,数字,图形,图像,音频,视频,动画

    C. 文字,数字,图形,图像

    D. 文字,图形,图像,动画

44. 只读光盘 CD-ROM 属于(　　)。

    A. 表现媒体　　　　　B. 存储媒体　　　　　C. 传播媒体　　　　　D. 通信媒体

45. 多媒体信息在计算机中的存储形式是(　　)。

    A. 二进制数字信息　　　　　　　　　B. 十进制数字信息

    C. 文本信息　　　　　　　　　　　　D. 模拟信号

46. 以下有关多媒体计算机说法错误的是(　　)。

    A. 多媒体计算机包括多媒体硬件和多媒体软件系统

    B. Windows 不具备多媒体处理功能

    C. Windows 7 是一个多媒体操作系统

    D. 多媒体计算机一般有各种媒体的输入输出设备

47. 下列有关 DVD 光盘与 VCD 光盘的描述中,错误的是(　　)。

    A. DVD 光盘的图像分辨率比 VCD 光盘高

    B. DVD 光盘的图像质量比 VCD 光盘好

    C. DVD 光盘的记录容量比 VCD 光盘大

    D. DVD 光盘的直径比 VCD 光盘大

48. 声卡是多媒体计算机处理(　　)的主要设备。

    A. 音频与视频　　　B. 动画　　　　　　　C. 音频　　　　　　　D. 视频

49. 下列关于 CD-ROM 光盘的描述中,不正确的是(　　)。

    A. 容量大　　　　　　　　　　　　　B. 寿命长

    C. 传输速度比硬盘慢　　　　　　　　D. 可读可写

50. 多媒体计算机中的"多媒体"是指(　　)。

    A. 文本、图形、声音、动画和视频及其组合的载体

    B. 一些文本的载体

    C. 一些文本与图形的载体

    D. 一些声音和动画的载体

51. 多媒体计算机中除了通常计算机的硬件外,还必须包括(　　)四个部件。

    A. CD-ROM、音频卡、MODEM、音箱

B. CD-ROM、音频卡、视频卡、音箱

C. MODEM、音频卡、视频卡、音箱

D. CD-ROM、MODEM、视频卡、音箱

52. 下列设备中,多媒体计算机所特有的设备是(　　)。

　　A. 打印机　　　　　B. 鼠标器　　　　　C. 键盘　　　　　D. 视频卡

53. 利用 WinRAR 进行解压缩时,以下方法不正确的是(　　)。

　　A. 用"Ctrl＋鼠标左键"选择不连续对象,用鼠标左键直接拖到计算机中

　　B. 用"Shift＋鼠标左键"选择连续多个对象,用鼠标左键拖到计算机中

　　C. 在已选的文件上右击,选择相应的释放目录

　　D. 在已选的文件上左击,选择相应的释放目录

54. 有关 WinRAR 软件说法错误的是(　　)。

　　A. WinRAR 默认的压缩格式是 RAR,它的压缩率比 ZIP 格式高出 10％～30％

　　B. WinRAR 可以为压缩文件制作自解压文件

　　C. WinRAR 不支持 ZIP 类型的压缩文件

　　D. WinRAR 可以制作带口令的压缩文件

55. 下列文件(　　)是音频文件。

　　A. 神话.mpeg　　　B. 神话.asf　　　　C. 神话.rm　　　　D. 神话.mp3

六、习题参考答案

一、计算机基础知识习题

1. C　2. C　3. A　4. A　5. B　6. C　7. B　8. B　9. D　10. C

11. B　12. D　13. D　14. B　15. D　16. C　17. D　18. D　19. A　20. C

21. C　22. B　23. C　24. C　25. A　26. B　27. A　28. B　29. D　30. B

31. D　32. B　33. D　34. D　35. D　36. D　37. C　38. C　39. A　40. D

41. D　42. D　43. D　44. A　45. A　46. C　47. D　48. C　49. B　50. B

51. B　52. D　53. C　54. D　55. C　56. A　57. D　58. D　59. C　60. C

61. A　62. B　63. C　64. C　65. B　66. C　67. D　68. A

二、信息编码及计算机病毒习题

1. B　2. D　3. C　4. B　5. C　6. A　7. C　8. C　9. B　10. B

11. D　12. A　13. C　14. B　15. A　16. D　17. C　18. B　19. A　20. C

21. A　22. C　23. D　24. D　25. D　26. A　27. D　28. A　29. D　30. A

31. D　32. D　33. A　34. D　35. A　36. D　37. D　38. D　39. D　40. D

41. B　42. D　43. B　44. D　45. A　46. D　47. D　48. D　49. A　50. C

51. D　52. D　53. C　54. D　55. D　56. D　57. D　58. B

三、操作系统及 Windows 习题

1. C　2. A　3. A　4. C　5. B　6. B　7. C　8. A　9. B　10. D

11. B　12. C　13. D　14. D　15. A　16. B　17. A　18. C　19. D　20. C

21. A　22. B　23. C　24. B　25. D　26. C　27. C　28. C

四、Internet 和网络基础习题

1. B　2. D　3. B　4. A　5. C　6. D　7. D　8. C　9. A　10. C
11. C　12. D　13. C　14. D　15. B　16. B　17. A　18. C　19. B　20. A
21. A　22. B　23. C　24. C　25. A　26. C　27. A　28. B　29. A　30. D
31. B　32. C　33. D　34. A　35. D　36. D　37. B　38. B　39. C　40. A
41. D　42. A　43. B　44. B　45. C　46. A　47. B　48. D　49. C

五、多媒体知识习题

1. A　2. D　3. A　4. D　5. D　6. C　7. D　8. D　9. D　10. D
11. A　12. D　13. A　14. D　15. D　16. B　17. C　18. C　19. D　20. B
21. B　22. D　23. D　24. C　25. D　26. D　27. B　28. B　29. A　30. A
31. C　32. D　33. C　34. C　35. A　36. B　37. D　38. A　39. A　40. D
41. A　42. A　43. B　44. B　45. A　46. B　47. D　48. C　49. D　50. A
51. B　52. D　53. D　54. C　55. D

第四部分 上机考试模拟试卷

第一套试卷

一、单项选择

题号：29

按电子计算机传统的分代方法，第一代至第四代计算机依次是_____。

A. 电子管计算机，晶体管计算机，小、中规模集成电路计算机，大规模和超大规模集成电路计算机

B. 手摇机械计算机，电动机械计算机，电子管计算机，晶体管计算机

C. 晶体管计算机，集成电路计算机，大规模集成电路计算机，光器件计算机

D. 机械计算机，电子管计算机，晶体管计算机，集成电路计算机

答案：A

题号：316

计算机技术中，下列不是度量存储器容量的单位是_____。

A. KB   B. GHz   C. MB   D. GB

答案：B

题号：2811

以下说法中，正确的是_____。

A. 域名服务器(DNS)中存放 Internet 主机的域名

B. 域名服务器(DNS)中存放 Internet 主机域名与 IP 地址的对照表

C. 域名服务器(DNS)中存放 Internet 主机的 IP 地址

D. 域名服务器(DNS)中存放 Internet 主机的电子邮箱的地址

答案：B

题号：5873

在计算机中采用二进制，是因为_____。

A. 下述三个原因   B. 两个状态的系统具有稳定性

C. 可降低硬件成本   D. 二进制的运算法则简单

答案：A

题号：4122

计算机指令由两部分组成,它们是_____。

A. 操作码和操作数

B. 运算符和运算数

C. 数据和字符

D. 操作数和结果

答案:A

题号:59

在因特网技术中,缩写 ISP 的中文全名是_____。

A. 因特网服务程序

B. 因特网服务产品

C. 因特网服务提供商

D. 因特网服务协议

答案:C

题号:68

汉字国标码(GB 2312—80)把汉字分成_____等级。

A. 常用字,次常用字,罕见字三个

B. 一级汉字,二级汉字,三级汉字共三个

C. 简化字和繁体字两个

D. 一级汉字,二级汉字共两个

答案:D

题号:90

下列叙述中,正确的是_____。

A. 内存中只能存放指令

B. 外存中存放的是当前正在执行的程序和所需的数据

C. 内存中存放的是当前正在执行的程序和所需的数据

D. 内存中存放的是当前暂时不用的程序和数据

答案:C

题号:1242

已知三个字符为:a、X 和 5,按它们的 ASCII 码值升序排序,结果是_____。

A. 5,a,X   B. 5,X,a   C. a,5,X   D. X,a,5

答案:B

题号:817

下列各条中,对计算机操作系统的作用完整描述的是_____。

A. 它是用户与计算机的界面

B. 它对用户存储的文件进行管理,方便用户

C. 它执行用户输入的各类命令

D. 它管理计算机系统的全部软、硬件资源,合理组织计算机的工作流程,以达到充分发挥计算机资源的效率,为用户提供使用计算机的友好界面

答案:D

题号:274

计算机系统由_____两大部分组成。

A. 输入设备和输出设备

B. 硬件系统和软件系统

C. 主机和外部设备

D. 系统软件和应用软件

答案：B

题号：98

计算机感染病毒的可能途径之一是_____。

A. 电源不稳定

B. 所使用的软盘表面不清洁

C. 从键盘上输入数据

D. 随意运行外来的、未经消病毒软件严格审查的软盘上的软件

答案：D

题号：142

已知英文字母 m 的 ASCII 码值为 109，那么英文字母 i 的 ASCII 码值是_____。

A. 104 　　　　　 B. 105 　　　　　 C. 106 　　　　　 D. 103

答案：B

题号：4099

下列设备组中，完全属于输出设备的一组是_____。

A. 打印机，绘图仪，显示器 　　　　　 B. 喷墨打印机，显示器，键盘

C. 键盘，鼠标器，扫描仪 　　　　　 D. 激光打印机，键盘，鼠标器

答案：A

题号：192

用 MHz 来衡量计算机的性能，它指的是_____。

A. CPU 的时钟主频 　　　　　 B. 存储器容量

C. 运算速度 　　　　　 D. 字长

答案：A

题号：7015

下面叙述中错误的是_____。

A. 移动硬盘和硬盘都不易携带

B. 移动硬盘的容量比优盘的容量大

C. 移动硬盘和优盘均有重量轻、体积小的特点

D. 闪存（Flash Memory）的特点是断电后还能保持存储的数据不丢失

答案：A

题号：155

在计算机内部用来传送、存储、加工处理的数据或指令都是以_____形式进行的。

A. 十六进制码 　　 B. 八进制码 　　 C. 二进制码 　　 D. 十进制码

答案：C

题号：5860

UPS 是指_____。

A. 用户处理系统 　　　　　 B. 联合处理系统

C. 大功率稳压电源 　　　　　 D. 不间断电源

答案：D

题号：2055

下列说法中,正确的是_____。

A. 软盘驱动器是唯一的外部存储设备

B. 优盘的容量远大于硬盘的容量

C. 软盘片的容量远远小于硬盘的容量

D. 硬盘的存取速度比软盘的存取速度慢

答案:C

题号:163

计算机的硬件系统主要包括:运算器、存储器、输入设备、输出设备和_____。

A. 打印机　　　　B. 磁盘驱动器　　　C. 显示器　　　　D. 控制器

答案:D

二、中英文打字

题号:3046

ActionScript 开发界缺少一本真正的以面向对象思想来讲解的书籍,缺少从 ActionScript 3 语言架构上来分析的书籍。很多 ActionScript 开发人员都只停留在知道 OOP 语法、会熟练运用 ActionScript 3 提供的类库 API 阶段,而对 OOP 思想和 ActionScript 3 整个系统架构脉络一知半解。买椟还珠,这是很可惜的。本书尝试以系统架构师的眼光,以面向对象思想为主轴,讲述 ActionScript 3 中面向对象的精髓和应用。从 ActionScript 3 系统架构的高度,清楚明白地讲解 ActionScript 3 的 API 设计原因、原理和应用。面向对象思想和 ActionScript 3 系统架构就是 RIA 开发的任督二脉,打通之后,你就会觉得所有 ActionScript 3 知识都是共通共融、浑然一体的,从而再学习广阔的 ActionScript 3 开源世界中的其他东西时,也会觉得高屋建瓴、势如破竹、轻松如意。

三、文件操作

题号:6907

请在打开的窗口中,进行下列操作,完成所有操作后,请关闭窗口。

----

1. 在 QONE1 文件夹中创建一个名为 XHXM.TXT 的文本文件,内容为本人学号和姓名(如 "A08012345 王小明")。

2. 将 QONE2 文件夹中首字母为 C 的所有文件复制到 QONE3\ATRU 文件夹中。

3. 将 QONE3 文件夹中的名为 PWE 的文件夹删除。

4. 在 KS_ANSWER 文件夹中建立一个 QONE4 文件夹的快捷方式,快捷方式的名称设置为 SJU。

四、Word 文字处理

题号:19271

请在打开的窗口中进行如下操作,操作完成后,请保存文档并关闭 Word 应用程序。

说明：文件中所需要的指定图片在考试文件夹中查找。

考试文件夹可以通过单击客户端主页面上方的考生目录路径链接进入。

考试文件不要另存到其他目录下或修改考试文件的名字。

试对考生文件夹下 word. docx 文档中的文字进行编辑、排版和保存,具体要求如下:

(1) 将标题段(B2C电子商务模式)设置为四号蓝色黑体、居中;倒数第七行文字(表9.1传统零售业与电子零售业的差异)设置为四号、居中,绿色边框、黄色底纹。

(2) 为第一段(B2C电子商务,…… 销售额的产品具有以下特点:)和最后一段(如果产品或服务……提供亲自接触汽车的机会。)间的七行设置项目符号●。

(3) 设置页眉为"B2C电子商务模式",字体为小五号宋体。

(4) 将最后面的6行文字转换为一个6行3列的表格。设置表格居中,表格中所有文字水平居中。

(5) 设置表格外框线为1.5磅蓝色单实线,内框线为1磅蓝色单实线。

五、Excel 数据处理

题号:2260

请在打开的窗口中进行如下操作,操作完成后,请关闭 Excel 并保存工作簿。

在工作表 sheet1 中完成如下操作:

1. 合并 B6:H6 单元格,并将标题"学生成绩表"单元格水平对齐和垂直对齐设置为居中。

2. 设置 B8:H13 单元格外边框为"红色 双实线",内部"蓝色 细实线"。

3. 设置标题"学生成绩表"单元格字体为黑体、字号为14、字型为加粗。

4. 将标题单元格加字体设置为双下画线。

5. 设置所有数据项单元格水平对齐方式为居中。

6. 利用公式计算每个同学的总分填入相应单元格中。

7. 利用公式计算每个同学的平均分填入相应单元格中。

8. 利用"姓名""总分"2 列数据构建图表,图表类型为"三维饼图图表",并作为对象插入 Sheet1 中。

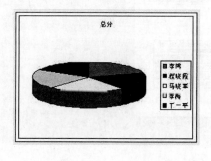

六、PowerPoint 演示文稿

题号：19840

请在打开的窗口中进行如下操作，操作完成后，请关闭 PPT 并保存。

说明：考试文件不要另存到其他目录下或修改考试文件的名字。

　　　　文件中所需要的指定图片在考试文件夹中查找。

　　　　考试文件夹可以通过单击客户端主页面上方的考生目录路径链接进入。

在［考生文件夹\PowerPoint 演示文稿\"对应题号的目录"］下，找到 yswg.pptx，完成以下操作并保存。

1. 使用"奥斯汀"主题修饰全文，全部幻灯片切换效果为"闪光"，放映方式为"在展台浏览"。

2. 在第一张幻灯片前插入版式为"标题幻灯片"的新幻灯片，主标题输入"地球报告"，副标题为"雨林在呻吟"。主标题设置为：加粗、红色（RGB 颜色模式：255,0,0）。

将第二张幻灯片版式改为"标题和竖排文字"，文本动画设置为"空翻"。

第二张幻灯片后插入版式为"标题和内容"的新幻灯片，标题为"雨林--高效率的生态系统"，内容区插入 5 行 2 列表格，表格样式为"浅色样式 3"，第 1 列的 5 行分别输入"位置""面积""植被""气候"和"降雨量"，第 2 列的 5 行分别输入"位于非洲中部的刚果盆地，是非洲热带雨林的中心地带""与墨西哥国土面积相当""覆盖着广阔、葱绿的原始森林""气候常年潮湿，异常闷热"和"一小时降雨量就能达到 7 英寸"。

样张：

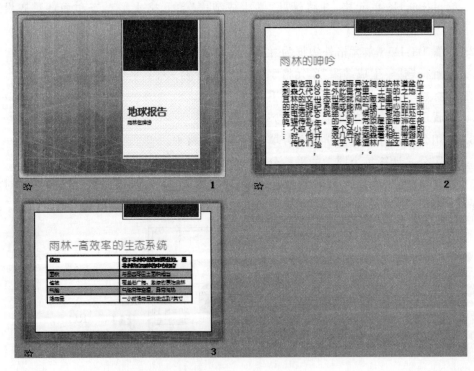

第二套试卷

一、单项选择

题号：1139

英文字母 A 的 10 进制 ASCII 值为 65，则英文字母 Q 的十六进制 ASCII 值为_____。

A. 81　　　　　B. 94　　　　　C. 51　　　　　D. 73

答案：C

题号：29

按电子计算机传统的分代方法，第一代至第四代计算机依次是_____。

A. 电子管计算机，晶体管计算机，小、中规模集成电路计算机，大规模和超大规模集成电路计算机

B. 手摇机械计算机，电动机械计算机，电子管计算机，晶体管计算机

C. 晶体管计算机，集成电路计算机，大规模集成电路计算机，光器件计算机

D. 机械计算机，电子管计算机，晶体管计算机，集成电路计算机

答案：A

题号：86

下面关于操作系统的叙述中，正确的是_____。

A. 操作系统属于应用软件

B. Windows 是 PC 唯一的操作系统

C. 操作系统是计算机软件系统中的核心软件

D. 操作系统的五大功能是：启动、打印、显示、文件存取和关机

答案：C

题号：2665

调制解调器（Modem）的主要技术指标是数据传输速率，它的度量单位是_____。

A. KB　　　　　B. Mbps　　　　　C. dpi　　　　　D. MIPS

答案：B

题号：274

计算机系统由_____两大部分组成。

A. 输入设备和输出设备　　　　　B. 硬件系统和软件系统

C. 主机和外部设备　　　　　　　D. 系统软件和应用软件

答案：B

题号：1556

存储计算机当前正在执行的应用程序和相应的数据的存储器是_____。

A. CD-ROM　　　　B. RAM　　　　C. 硬盘　　　　D. ROM

答案：B

题号：3287

下列度量单位中,用来度量计算机网络数据传输速率(比特率)的是_____。

A. MB/s   B. MIPS   C. Mbps   D. GHz

答案：C

题号：875

一个字长为 7 位的无符号二进制整数能表示的十进制数值范围是_____。

A. 0～255   B. 0～256   C. 0～127   D. 0～128

答案：C

题号：1227

已知字符 A 的 ASCII 码是 01000001B,字符 D 的 ASCII 码是_____。

A. 01000010B   B. 01000100B

C. 01000111B   D. 01000011B

答案：B

题号：1360

第一代电子计算机的主要组成元件是_____。

A. 集成电路   B. 电子管   C. 晶体管   D. 继电器

答案：B

题号：3752

目前,在市场上销售的微型计算机中,标准配置的输入设备是_____。

A. 鼠标器＋键盘   B. 键盘＋扫描仪

C. 键盘＋CD-ROM 驱动器   D. 显示器＋键盘

答案：A

题号：1930

配置高速缓冲存储器(Cache)是为了解决_____。

A. 主机与外设之间速度不匹配问题

B. 内存与辅助存储器之间速度不匹配问题

C. CPU 与内存储器之间速度不匹配问题

D. CPU 与辅助存储器之间速度不匹配问题

答案：C

题号：4341

假设 ISP 提供的邮件服务器为 bj163.com,用户名为 XUEJY 的正确电子邮件地址是_____。

A. XUEJY&bj163.com   B. XUEJY @ bj163.com

C. XUEJY@bj163.com   D. XUEJY♯bj163.com

答案：C

题号：6484

下列说法中,正确的是_____。

A. 优盘的容量远大于硬盘的容量

B. 软盘驱动器是唯一的外部存储设备

C. 软盘片的容量远远小于硬盘的容量

D. 硬盘的存取速度比软盘的存取速度慢

答案：C

题号：5141

如果删除一个非零无符号二进制偶整数后的 2 个 0，则此数的值为原数_____。

A. 1/2　　　　　　　B. 4 倍　　　　　　　C. 1/4　　　　　　　D. 2 倍

答案：C

题号：3803

6 位二进制数最大能表示的十进制整数是_____。

A. 32　　　　　　　B. 64　　　　　　　C. 63　　　　　　　D. 31

答案：C

题号：1264

写邮件时，除了发件人地址之外，另一项必须要填写的是_____。

A. 主题　　　　　　B. 收件人地址　　　　C. 信件内容　　　　D. 抄送

答案：B

题号：5781

内存储器是计算机系统中的记忆设备，它主要用于_____。

A. 存放数据　　　　　　　　　　　B. 存放数据和程序

C. 存放程序　　　　　　　　　　　D. 存放地址

答案：B

题号：398

用于局域网的基本网络连接设备是_____。

A. 调制解调器　　　　　　　　　　B. 网络适配器（网卡）

C. 路由器　　　　　　　　　　　　D. 集线器

答案：B

题号：68

汉字国标码（GB 2312—80）把汉字分成_____等级。

A. 常用字，次常用字，罕见字三个　　　B. 一级汉字，二级汉字，三级汉字共三个

C. 简化字和繁体字两个　　　　　　　　D. 一级汉字，二级汉字共两个

答案：D

二、中英文打字

题号：1328

MeeGo 为开发人员提供了一整套工具，以便于开发人员能够轻松、迅速地创建各种新的应用。MeeGo 将 Qt 平台的开发技术融合进来，使用 Qt 和 Web runtime 作为应用程序开发，Qt 基于原生的 C++，Web runtime 基于 Web 应用程序（HTML、JS、CSS 等）。Qt 和 Web runtime 带来了跨平台开发，使应用程序可以实现跨越多个平台。Web 开发工具的插件为标准的 Web 开发工具，包括 Aptana 和 Dreamweaver。MeeGo 的开发工具有开源和非开源之分，其中开源工具包含：MeeGoImage Creator，能够启动创建各种格式的自定义系统镜像。PowerTOP（IA only），属于平台级的功耗分析和优化工具。非开源的工具为英特尔

商业开发工具,其中包括:英特尔 C/C++ 编译工具,英特尔 JTAG 和应用程序调试工具,英特尔集成性能基元(英特尔 IPP)以及 Vtune 性能分析器。

三、文件操作

题号:303

请在打开的窗口中,进行下列操作,完成所有操作后,请关闭窗口。

----

1. 将文件夹 tk 重命名为 ck 并将重命名后的文件夹复制到名称为 xs 的文件夹内。
2. 在文件夹 xs 内新建一个名为 xt 的文件夹。
3. 在文件夹 xs 内为文件夹 xt 创建一个名称为 tt 的快捷方式。

四、Word 文字处理

题号:19307

请在打开的窗口中进行如下操作,操作完成后,请保存文档并关闭 Word 应用程序。

说明:文件中所需要的指定图片在考试文件夹中查找。

考试文件夹可以通过单击客户端主页面上方的考生目录路径链接进入。

考试文件不要另存到其他目录下或修改考试文件的名字。

在考生文件夹下打开文档 WORD. docx,按照要求完成下列操作并以该文件名(WORD. docx)保存文档。

(1) 将标题段(奇瑞 QQ 全线优惠扩大)文字设置为小二号黄色黑体、字符间距加宽 3 磅,并添加红色方框。

(2) 设置正文各段落(奇瑞 QQ 是目前⋯⋯个性与雅趣。)左右各缩进 2 字符,行距为 18 磅。

(3) 插入页眉并在页眉居中位置输入小五号宋体文字"车市新闻"。设置页面纸张大小为 16 开(18.4×26 厘米)。

(4) 将文中后 7 行文字转换成一个 7 行 6 列的表格,设置表格居中,并以"根据内容自动调整表格"选项自动调整表格,设置表格所有文字水平居中。

(5) 设置表格外框线为 0.75 磅蓝色双窄线、内框线为 0.5 磅蓝色单实线;设置表格第一行为黄色底纹;分别合并表格中第三列的第二、三行单元格,第四列的第二、三行单元格,第五列的第二、三行单元格和第六列的第二、三行单元格。

五、Excel 数据处理

题号:621

1. 将 Sheet1 工作表标签改名为"9 月业绩",并删除 Sheet2 工作表。
2. 在"9 月业绩"工作表内,表格第 1 列的左侧插入一列,输入如下数据。

学号
0001
0002
0003
0004
0005

3. 对表格的 A2:I8 区域进行美化：外框双线、内框单线、框线为玫瑰红色；表格外不显示网格线；各列标题填充浅绿色；表格内所有单元格水平居中对齐；奖金列数据设置小数位数为 2。

4. 表格标题"巴黎婚纱摄影门市销售业绩统计"在 A1:I1 内合并居中。

5. 使用公式计算各业务员的奖金。奖金＝业绩×提成比例，其中"提成比例"须使用绝对地址引用 I3 单元格中的数据。

6. 使用 SUM 函数计算各业务员的实发工资。实发工资为基本工资与奖金之和。

7. 将"9月业绩"工作表复制一份，副本工作表标签重命名为"筛选"。

8. 在"筛选"工作表中，利用"自动筛选"功能，筛选出"西单"店内业绩高于 60000 的员工记录。

9. 将"9月业绩"工作表中 A2:H8 区域的数据复制到 Sheet3 的 A1 处，粘贴选项为"值和源格式"。

10. 在 Sheet3 工作表中，将 A1:H7 之间的数据按"门市"和"业绩"进行降序排序。然后按门市进行分类汇总，统计各门市的业绩总和。

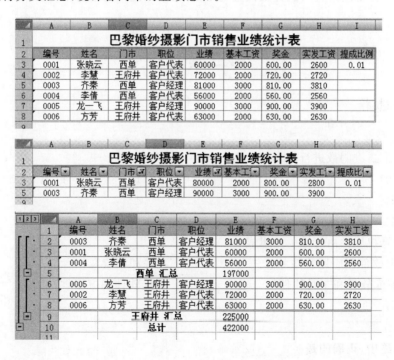

六、PowerPoint 演示文稿

题号：19920

请在打开的窗口中进行如下操作,操作完成后,请关闭 PPT 并保存。

说明：考试文件不要另存到其他目录下或修改考试文件的名字。

考试文件中所需要的指定图片在考试文件夹中查找。

考试文件夹可以通过单击客户端主页面上方的考生目录路径链接进入。

打开考生文件夹下的演示文稿 yswg.pptx,按照下列要求完成对此文稿的修饰并保存。

1. 在幻灯片的标题区中输入"中国的 DXF100 地效飞机",文字设置为黑体、加粗、54 磅字,红色(RGB 模式：红色 255,绿色 0,蓝色 0)。插入版式为"标题和内容"的新幻灯片,作为第二张幻灯片。

第二张幻灯片的标题内容为"DXF100 主要技术参数",文本内容为"可载乘客 15 人,装有两台 300 马力航空发动机。"。

第一张幻灯片中的飞机图片动画设置为"进入""飞入",效果选项为"自右侧"。

在第二张幻灯片前插入一版式为"空白"的新幻灯片,并在位置(水平：5.3 厘米,自：左上角,垂直：8.2 厘米,自：左上角)插入样式为"填充-蓝色,强调文字颜色 2,粗糙棱台"的艺术字"DXF100 地效飞机",文字效果为"转换"→"弯曲"→"倒 V 形"。

2. 第二张幻灯片的背景预设颜色为"雨后初晴",类型为"射线",并将该幻灯片移为第一张幻灯片。全部幻灯片切换方案设置为"时钟",效果选项为"逆时针"。放映方式为"观众自行浏览"。

第三套试卷

一、单项选择

题号：3323

下列两个二进制数进行算术加运算,10000＋1101 ＝ _____。

A. 11001   B. 11101   C. 11111   D. 10011

答案：B

题号：32

一个计算机软件由_____组成。

A. 编辑软件和应用软件   B. 程序和相应文档

C. 数据库软件和工具软件   D. 系统软件和应用软件

答案：B

题号：2775

下列叙述中,正确的是_____。

A. 十进制数 101 的值大于二进制数 1000001

B. 十进制数 55 的值小于八进制数 66 的值

C. 二进制的乘法规则比十进制的复杂

D. 所有十进制小数都能准确地转换为有限位的二进制小数

答案：A

题号：1089

下列度量单位中，用来度量计算机运算速度的是_____。

A. MB   B. MIPS   C. GHz   D. MB/s

答案：B

题号：1779

用 8 个二进制位能表示的最大的无符号整数等于十进制整数_____。

A. 255   B. 256   C. 128   D. 127

答案：A

题号：1447

下列选项中，不属于显示器主要技术指标的是_____。

A. 分辨率   B. 重量   C. 像素的点距   D. 显示器的尺寸

答案：B

题号：176

在计算机的存储单元中存储的_____。

A. 只能是数据   B. 只能是字符

C. 可以是数据或指令   D. 只能是指令

答案：C

题号：607

十进制数 56 对应的二进制数是_____。

A. 00111001   B. 00111000   C. 00111010   D. 00110111

答案：B

题号：2478

微机上使用的 Windows XP 是_____。

A. 实时操作系统   B. 单用户多任务操作系统

C. 多用户多任务操作系统   D. 多用户分时操作系统

答案：B

题号：672

1MB 的准确数量是_____。

A. 1024×1024 Bytes   B. 1024×1024 Words

C. 1000×1000 Bytes   D. 1000×1000 Words

答案：A

题号：5500

下列关于计算机病毒的叙述中，错误的是_____。

A. 计算机病毒具有传染性

B. 反病毒软件必须随着新病毒的出现而升级，提高查、杀病毒的功能

C. 计算机病毒是人为制造的、企图破坏计算机功能或计算机数据的一段小程序

D. 反病毒软件可以查、杀任何种类的病毒

答案：D

题号：1227

已知字符 A 的 ASCII 码是 01000001B，字符 D 的 ASCII 码是＿＿＿＿＿＿。

A. 01000010B　　　B. 01000100B　　　C. 01000111B　　　D. 01000011B

答案：B

题号：4690

下列设备中，＿＿＿＿＿＿不能作为计算机的输出设备。

A. 显示器　　　　B. 绘图仪　　　　C. 键盘　　　　D. 打印机

答案：C

题号：1255

下列各组软件中，完全属于应用软件的一组是＿＿＿＿＿＿。

A. UNIX，WPS Office 2003，MS-DOS

B. 物流管理程序，Sybase，Windows XP

C. AutoCAD，Photoshop，PowerPoint 2003

D. Oracle，FORTRAN 编译系统，系统诊断程序

答案：C

题号：909

已知字符 A 的 ASCII 码是 01000001B，ASCII 码为 01000111B 的字符是＿＿＿＿＿＿。

A. F　　　　　B. G　　　　　C. D　　　　　D. E

答案：B

题号：895

目前，PC 中所采用的主要功能部件（如 CPU）是＿＿＿＿＿＿。

A. 光器件　　　　　　　　B. 晶体管

C. 小规模集成电路　　　　D. 大规模集成电路

答案：D

题号：1881

要存放 10 个 24×24 点阵的汉字字模，需要＿＿＿＿＿＿存储空间。

A. 320B　　　B. 72KB　　　C. 72B　　　D. 720B

答案：D

题号：4398

Internet 中，主机的域名和主机的 IP 地址两者之间的关系是＿＿＿＿＿＿。

A. 一个域名对应多个 IP 地址　　　B. 一个 IP 地址对应多个域名

C. 一一对应　　　　　　　　　　D. 完全相同，毫无区别

答案：C

题号：1494

静态 RAM 的特点是＿＿＿＿＿＿。

A. 在静态 RAM 中的信息断电后也不会丢失

B. 在不断电的条件下,信息在静态 RAM 中不能永久无条件保持,必须定期刷新才不致丢失信息

C. 在静态 RAM 中的信息只能读不能写

D. 在不断电的条件下,信息在静态 RAM 中保持不变,故而不必定期刷新就能永久保存信息

答案:D

题号:1267

计算机最主要的工作特点是_____。

A. 有记忆能力   B. 高速度与高精度

C. 存储程序与自动控制   D. 可靠性与可用性

答案:C

二、中英文打字

题号:2731

具有高度互动性、丰富用户体验及功能强大的客户端,是目前网络开发的迫切需求。Adobe 公司的 Flash Player 凭借其全球 97% 的桌面计算机占有率和跨平台的优势,成为了事实上的下一代的 RIA(Rich Internet Application,丰富因特网程序)主力。Adobe 公司于 2006 年年中推出了强大的 ActionScript 3 语言,和支持 ActionScript 3 的新一代的虚拟机 AVM 2。经测试,AVM 2 执行 ActionScript 3 代码比以前的 ActionScript 2 代码执行效率要快 10 倍以上。ActionScript 3,与 ActionScript 2 和 1 有本质上的不同,是一门功能强大的、面向对象的、具有业界标准素质的编程语言。它是 Flash Player 运行时功能发展中的重要里程碑。ActionScript 3 是快速构建 Rich Internet Application 的理想语言。

三、文件操作

题号:4018

请在打开的窗口中,进行下列操作,完成所有操作后,请关闭窗口。

----

1. 在文件夹 oe 内新建一个名称为 wa 的 Word 文档。

2. 将文件夹 ka 剪切到文件夹 oe 中。

3. 在文件夹 oe 中新建一个名称为 ss 的文本文档。

四、Word 文字处理

题号:2423

1. 将第 2 自然段"冰壶石源于苏格兰……"移动到第 1 自然段第 1 个句子"……的花岗岩冰壶石。"的后面,组成新的第 1 自然段,使原第 1 自然段的其余部分构成新的第 2 自然段。

2. 将文中所有的"公斤"替换为"千克"。

3. 设置标题"冰壶运动简介"的字体为隶书,字型为加粗,字号为二号,颜色为蓝色,字间距为 12 磅,对齐方式为居中。

4. 设置正文的对齐方式为首行缩进 2 个字符,行距为 2 倍行距,段前、段后为 1 行。

5. 将所给图片 W01-P1 插入到文档中。并设置图片的环绕方式为四周环绕。

6. 设置打印纸大小为 16 开,上下左右页边距均为 2 厘米,打印方向为纵向。

五、Excel 数据处理

题号:659

请在打开的窗口中进行如下操作,操作完成后,请关闭 Excel 并保存工作簿。

在工作表 sheet1 中完成如下操作:

1. 在 D1:H1 单元格区域内,使用自动填充方式依次填充"二月"到"六月"。

2. 在 I2:I9 单元格区域内,用求和函数计算出每个员工二月到六月的总计缺勤天数。

3. 设置缺勤总天数在 30 天以上的员工相对应的"总计缺勤"单元格的字形为加粗,边框为最细虚线,边框颜色为蓝色。

	A	B	C	D	E	F	G	H	I	J
1	部门	姓名	一月	二月	三月	四月	五月	六月	总计缺勤	
2	技术部	王海	1	2	0	3	0	0	6	
3	技术部	赵萌萌	3	0	0	0	1	1	5	
4	工程部	李强	6	0	1	1	1	10	19	
5	财会部	高天	1	1	0	1	2	8	13	
6	财会部	张雨晴	4	1	0	0	0	0	5	
7	测试部	马腾飞	0	0	0	0	0	0	0	
8	技术部	周大伟	0	0	0	0	0	0	0	
9	技术部	郴宾	2	12	1	10	6	8	39	
10										

六、PowerPoint 演示文稿

题号:19908

请在打开的窗口中进行如下操作,操作完成后,请关闭 PPT 并保存。

说明:考试文件不要另存到其他目录下或修改考试文件的名字。

　　　　文件中所需要的指定图片在考试文件夹中查找。

　　　　考试文件夹可以通过单击客户端主页面上方的考生目录路径链接进入。

打开考生文件夹下的演示文稿 yswg.pptx，按照下列要求完成对此文稿的修饰并保存。

（1）在第一张幻灯片的副标题区中输入"成功推出一套专业计费解决方案"，字体设置为：黑体、红色。将第二张幻灯片版式改变为"垂直排列标题与文本"。

（2）将第一张幻灯片的背景使用渐变填充，填充效果预设颜色为"雨后初晴"，线性向左，第二张幻灯片中的文本部分动画设置为"飞入""自右侧"。

第四套试卷

一、单项选择

题号：3411

计算机最早的应用领域是_____。

A. 过程控制　　　　B. 数值计算　　　　C. 人工智能　　　　D. 信息处理

答案：B

题号：32

一个计算机软件由_____组成。

A. 编辑软件和应用软件　　　　　　B. 程序和相应文档

C. 数据库软件和工具软件　　　　　D. 系统软件和应用软件

答案：B

题号：3777

Internet 网中不同网络和不同计算机相互通信的基础是_____。

A. X. 25　　　　B. TCP/IP　　　　C. ATM　　　　D. Novell

答案：B

题号：673

下列叙述中，正确的是_____。

A. 计算机病毒具有自我复制的能力，能迅速扩散到其他程序上

B. 清除计算机病毒的最简单办法是删除所有感染了病毒的文件

C. 计算机杀病毒软件可以查出和清除任何已知或未知的病毒

D. Word 文档不会带计算机病毒

答案：A

题号：694

目前微机中所广泛采用的电子元器件是_____。

A. 电子管　　　　　　　　　　B. 小规模集成电路

C. 大规模和超大规模集成电路　　D. 晶体管

答案：C

题号：3374

在标准 ASCII 码表中，已知英文字母 K 的十进制码值是 75，英文字母 k 的十进制码值是_____。

A. 106　　　　B. 105　　　　C. 101　　　　D. 107

答案：D

题号：5432

内存中有一小部分用来存储系统的基本信息，CPU 对它们只读不写，这部分存储器的英文缩写是_____。

A. RAM   B. DOS   C. Cache   D. ROM

答案：D

题号：1826

下列设备中，能作为输出设备用的是_____。

A. 扫描仪   B. 磁盘驱动器   C. 键盘   D. 鼠标器

答案：B

题号：801

在外部设备中，扫描仪属于_____。

A. 存储设备   B. 输出设备   C. 输入设备   D. 特殊设备

答案：C

题号：269

组成微型计算机主机的硬件除 CPU 外，还有_____。

A. RAM 和 ROM   B. RAM

C. 硬盘和显示器   D. RAM、ROM 和硬盘

答案：A

题号：2960

用树形结构组织数据的模型称为_____。

A. 网状模型   B. 关系模型   C. 层次模型   D. 逻辑模型

答案：C

题号：895

目前，PC 中所采用的主要功能部件（如 CPU）是_____。

A. 光器件   B. 晶体管

C. 小规模集成电路   D. 大规模集成电路

答案：D

题号：1018

存储在 ROM 中的数据，当计算机断电后_____。

A. 完全丢失   B. 不会丢失   C. 可能丢失   D. 部分丢失

答案：B

题号：5668

计算机操作系统通常具有的五大功能是_____。

A. 硬盘管理、软盘驱动器管理、CPU 的管理、显示器管理和键盘管理

B. 处理器（CPU）管理、存储管理、文件管理、设备管理和作业管理

C. 启动、打印、显示、文件存取和关机

D. CPU 管理、显示器管理、键盘管理、打印机管理和鼠标器管理

答案：B

题号：2652

微机正在工作时电源突然中断供电,此时计算机_____中的信息全部丢失,并且恢复供电后也无法恢复这些信息。

A. 软盘片　　　　　B. 硬盘　　　　　C. ROM　　　　　D. RAM

答案：D

题号：3259

下列各指标中,_____是数据通信系统的主要技术指标之一。

A. 重码率　　　　　B. 分辨率　　　　　C. 时钟主频　　　　　D. 传输速率

答案：D

题号：6718

下面关于 USB 的叙述中,错误的是_____。

A. USB2.0 的数据传输率大大高于 USB1.1

B. USB 接口的尺寸比并行接口大得多

C. USB 具有热插拔与即插即用的功能

D. 在 Windows XP 系统下,使用 USB 接口连接的外部设备(如移动硬盘、U 盘等)不需要驱动程序

答案：B

题号：2285

一个字节表示的最大无符号整数是_____。

A. 256　　　　　B. 255　　　　　C. 127　　　　　D. 128

答案：B

题号：2348

二进制数 00111001 转换成十进制数是_____。

A. 58　　　　　B. 41　　　　　C. 56　　　　　D. 57

答案：D

题号：86

下面关于操作系统的叙述中,正确的是_____。

A. 操作系统属于应用软件

B. Windows 是 PC 唯一的操作系统

C. 操作系统是计算机软件系统中的核心软件

D. 操作系统的五大功能是：启动、打印、显示、文件存取和关机

答案：C

二、中英文打字

题号：5804

你往往具有一定水平和能力,对 ActionScript 2 各个方面都有涉猎,但都不深。你需要有针对性的细节点拨和思路指导。你往往不喜欢婆婆妈妈的讲解,最喜爱具体的代码例子。但往往对自己掌握的程度估计不足,对自己知道的东西不加以深究,和高手的差距就在这里。本书用章节"＊"号(有相当数量)和进阶知识这两个部分来针对这个群体。众所周知,

知识的讲解应当是一个整体,不能每个知识点都有初级、中级、高级之分。你清楚的东西,对你而言就是初级。你不清楚的东西,往往就是高级。你知道并了解,但是不知道细节的东西,那就是中级。我相信,你绝对不虚此"读"。很多有用的知识点和 ActionScript 3 技术上的实现细节,你可能还不清楚。例如,"加 Label 的 continue、break 的用法",不少读者可能就不太清楚。加油,高手的称号指日可待!

三、文件操作

题号：5525

请在打开的窗口中,进行下列操作,完成所有操作后,请关闭窗口。

----

1. 把 back 文件夹下的文件 index. idx 改名为 suoyin. idx。
2. 把文件夹 docu 下文件夹 flower 中以 dat 为扩展名的文件移动到文件夹 back 下。
3. 把文件 count. txt 属性改为隐藏属性(其他属性删除)。
4. 删除文件夹 docu 下文件夹 tree 下所有扩展名为 wps 的文件。
5. 在 back 文件夹下建立文件 sort. dbf 的快捷方式,快捷方式名称是：sort。

四、Word 文字处理

题号：19278

请在打开的窗口中进行如下操作,操作完成后,请保存文档并关闭 Word 应用程序。
说明：文件中所需要的指定图片在考试文件夹中查找。
　　　考试文件夹可以通过单击客户端主页面上方的考生目录路径链接进入。
　　　考试文件不要另存到其他目录下或修改考试文件的名字。

----

1. 将文中所有错词"北平"替换为"北京"；设置上、下页边距各为 3 厘米。
2. 将标题段文字(2009 年北京市中考招生计划低于 10 万人)设置为蓝色(标准色)、三号仿宋、加粗、居中,并添加绿色(标准色)方框。
3. 设置正文各段落(晨报讯……招生计划的 30％。)左右各缩进 1 字符,首行缩进 2 字符,段前间距 0.5 行；将正文第二段(而今年中考考试……保持稳定。)分为等宽两栏并栏间添加分隔线(注意：分栏时,段落范围包括本段末尾的回车符)。
4. 将文中后 9 行文字转换成一个 9 行 4 列的表格,设置表格居中、表格列宽为 2.5 厘米、行高为 0.7 厘米；设置表格中第一行和第一列文字水平居中,其余文字中部右对齐。
5. 按"在校生人数"列(依据"数字"类型)降序排列表格内容；设置表格外框线和第一行与第二行间的内框线为 3 磅绿色(标准色)单实线,其余内框线为 1 磅绿色(标准色)单实线。

样张：

2009 年北京市中考招生计划低于 10 万人

晨报讯　伴随初中毕业生人数连年下降,本市中招计划也接连缩减。昨天,北京教育考试院公布今年中考计划招生9.7万人,其中普高6.1万人。这也是近年来北京中招计划数首次跌破 10 万人。

而今年中考考试说明也在昨天发布,部分科目虽然有变化,但考试难易程度与往年相比保持稳定。

据悉,今年北京市初步确定各类高级中等学校招生规模为9.7万人。其中,普通高中招生规模6.1万人,职业教育招生规模约3.6万人。而去年中招计划数为10万人。今年各区县将把示范高中招生计划总数的5%至10%用于"招优",初中学校以1:1.2的比例推荐,其中,东城、西城、海淀、朝阳、昌平、顺义6个教育工作先进区县继续跨区县"招优"。另外,示范高中教育资源充足的区县可适当跨区县招生,重点向远郊区县倾斜。示范高中跨区县招生比例一般不得超过本校招生计划的30%。

2001—2008 年北京市初中人数变化一览表

年份	招生人数	毕业生人数	在校生人数
2001	166174	149442	525844
2002	156001	168808	510055
2003	123666	177606	453446
2004	100490	166417	386511
2007	111772	108682	332959
2008	107494	104702	325117
2005	93048	156388	321585
2006	90722	124250	288298

五、Excel 数据处理

题号：1161

请在打开的窗口中进行如下操作,操作完成后,请关闭 Excel 并保存工作簿。

在工作表 sheet1 中完成如下操作：

1. 设置标题"图书馆读者情况"单元格字体为方正姚体,字号为16。

2. 将表格中的数据以"册数"为关键字,按降序排序。

3. 利用公式计算"总册数"行的总册数,并将结果存入相应单元格中。

在工作表 sheet2 中完成如下操作：

4. 利用"产品销售收入"和"产品销售费用"行创建图表,图表标题为"费用走势表",图表类型为"数据点折线图",作为对象插入 sheet2 中。

5. 为 B7 单元格添加批注,内容为"零售产品"。

6. 设置"项目"列单元格的底纹颜色为淡蓝色。

在工作表 sheet3 中完成如下操作：

7. 设置表 B~E 列,宽度为12,表 6~26 行,高度为20。

8. 利用条件格式化功能将"英语"列中介于 60~90 的数据,单元格底纹颜色设为红色。

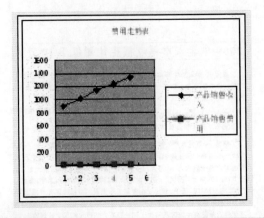

项目	1990年	1991年	1992年	1993年	1994年
产品销售收入	900	1015	1146	1226	1335
产品销售成本	701	792	991	1008	1068
产品销售费用	10	11	12	16	20
产品销售税金	49.5	55.8	63	69.2	73
产品销售利税	139.5	156.2	160	172.8	174

六、PowerPoint 演示文稿

题号：19858

请在打开的窗口中进行如下操作，操作完成后，请关闭 PPT 并保存。

说明：考试文件不要另存到其他目录下或修改考试文件的名字。

　　　文件中所需要的指定图片在考试文件夹中查找。

　　　考试文件夹可以通过单击客户端主页面上方的考生目录路径链接进入。

打开考生文件夹下的演示文稿 yswg.pptx，按照下列要求完成对此文稿的修饰并保存。

1. 第一张幻灯片的文本部分动画设置为"进入""飞入""自左侧"。

在第一张幻灯片前插入一张新幻灯片，幻灯片版式为"仅标题"，标题区域输入"全球第一只人工繁殖的大熊猫"，其字体设置为黑体、加粗、字号为 69 磅、颜色为红色（请用自定义标签的红色 250、绿色 0、蓝色 0），将第三张幻灯片的背景填充设置为"球体"图案。

2. 全部幻灯片切换效果为"切出"，放映方式设置为"观众自行浏览（窗口）"。

第五套试卷

一、单项选择

题号：5529

在微机中，1GB 的准确值等于_____。

A. 1024KB
B. 1024×1024Bytes
C. 1024MB
D. 1000×1000KB

答案：C

题号：1081

在微机系统中，麦克风属于_____。

A. 输出设备　　　　B. 播放设备　　　　C. 放大设备　　　　D. 输入设备

答案：D

题号：2706

运算器的主要功能是进行_____。

A. 算术运算　　　　　　　　　　B. 算术和逻辑运算

C. 加法运算　　　　　　　　　　D. 逻辑运算

答案：B

题号：2560

现代计算机中采用二进制数制是因为二进制数的优点是_____。

A. 代码表示简短，易读

B. 容易阅读，不易出错

C. 物理上容易实现且简单可靠；运算规则简单；适合逻辑运算

D. 只有 0,1 两个符号，容易书写

答案：C

题号：5501

在 ASCII 码表中，根据码值由小到大的排列顺序是_____。

A. 数字符、空格字符、大写英文字母、小写英文字母

B. 空格字符、数字符、小写英文字母、大写英文字母

C. 空格字符、数字符、大写英文字母、小写英文字母

D. 数字符、大写英文字母、小写英文字母、空格字符

答案：C

题号：6815

下列叙述中，错误的是_____。

A. 在计算机内部，数据的传输、存储和处理都使用二进制编码

B. WPS Office 2003 属于系统软件

C. 把源程序转换为机器语言的目标程序的过程叫编译

D. 把数据从内存传输到硬盘的过程叫作写盘

答案：B

题号：2188

在下列字符中，其 ASCII 码值最大的一个是_____。

A. 8　　　　　　　　B. 9　　　　　　　　C. b　　　　　　　　D. a

答案：C

题号：2540

根据数制的基本概念，下列各进制的整数中，值最小的一个是_____。

A. 十进制数 10　　　　　　　　B. 二进制数 10

C. 十六进制数 10　　　　　　　D. 八进制数 10

答案：B

题号：1302

当前微机上运行的 Windows XP 属于_____。

A. 批处理操作系统   B. 单用户单任务操作系统

C. 单用户多任务操作系统   D. 分时操作系统

答案：C

题号：1175

磁盘上的磁道是_____。

A. 一组记录密度相同的同心圆   B. 二条阿基米德螺旋线

C. 一条阿基米德螺旋线   D. 一组记录密度不同的同心圆

答案：D

题号：1623

全拼或简拼汉字输入法的编码属于_____。

A. 区位码   B. 形声码   C. 形码   D. 音码

答案：D

题号：5083

在标准 ASCII 码表中，已知英文字母 A 的十进制码值是 65，英文字母 a 的十进制码值是_____。

A. 97   B. 91   C. 96   D. 95

答案：A

题号：6014

计算机硬件系统主要包括：运算器、存储器、输入设备、输出设备和_____。

A. 打印机   B. 控制器   C. 显示器   D. 磁盘驱动器

答案：B

题号：1954

1GB 等于_____。

A. 1000×1000 字节   B. $1000 \times 1000 \times 1000$ 字节

C. $1024 \times 1024 \times 1024$ 字节   D. 3×1024 字节

答案：C

题号：595

CPU 中，除了内部总线和必要的寄存器外，主要的两大部件分别是运算器和_____。

A. 控制器   B. Cache   C. 存储器   D. 编辑器

答案：A

题号：970

32 位微机是指它所用的 CPU 是_____。

A. 一次能处理 32 位二进制数   B. 只能处理 32 位二进制定点数

C. 有 32 个寄存器   D. 能处理 32 位十进制数

答案：A

题号：909

已知字符 A 的 ASCII 码是 01000001B，ASCII 码为 01000111B 的字符是_____。

A. F B. G C. D D. E

答案：B

题号：6467

英文缩写 CAI 的中文意思是_____。

A. 计算机辅助管理 B. 计算机辅助设计

C. 计算机辅助教学 D. 计算机辅助制造

答案：C

题号：2245

下列各指标中，_____是数据通信系统的主要技术指标之一。

A. 误码率 B. 分辨率 C. 频率 D. 重码率

答案：A

题号：251

人们把以_____为硬件基本电子器件的计算机系统称为第三代计算机。

A. 大规模集成电路 B. 晶体管

C. 电子管 D. 小规模集成电路

答案：D

二、中英文打字

题号：574

Macromedia Flash Player 是迄今网络上使用最为广泛的软件，无论在什么平台、使用何种浏览器都可以体验到有声有色的 Flash 程序。用户可以使用 Flash 技术、HTML 和简单的后台技术轻松实现网上流媒体的观看以及其他多媒体通信应用。但如果运行需要强大后台支持的应用，就算是 Flash MX 也难免显得有些势单力孤，Flash Communication Server MX（以下简称 Comm Server）这个 Macromedia 发布的第一个通信服务器正是与 Flash Player 相辅相成的后台产品。因为是幕后英雄，Comm Server 给用户的感觉有些抽象，它没有线性工具、色彩面板之类的东西。确切地说，Comm Server 是一个 Web 服务器，它不间断地运行，分发网页、Flash 文件以及其他视频文件到终端计算机，它还可以存放一些数据库和脚本文件，并向各个请求地址发送信息。

三、文件操作

题号：4018

请在打开的窗口中，进行下列操作，完成所有操作后，请关闭窗口。

----

1. 在文件夹 oe 内新建一个名称为 wa 的 Word 文档。
2. 将文件夹 ka 剪切到文件夹 oe 中。
3. 在文件夹 oe 中新建一个名称为 ss 的文本文档。

四、Word 文字处理

题号：19269

请在打开的窗口中进行如下操作，操作完成后，请保存文档并关闭 Word 应用程序。

说明：文件中所需要的指定图片在考试文件夹中查找。

   考试文件夹可以通过单击客户端主页面上方的考生目录路径链接进入。

   考试文件不要另存到其他目录下或修改考试文件的名字。

在考生文件夹下打开文档 word.docx，按照要求完成下列操作并以该文件名（word.docx）保存文档。

1. 将标题段文字（谨慎对待信用卡业务外包）文字设置为楷体、三号字、加粗、居中并加下划线。将倒数第八行文字设置为三号字、居中。

2. 设置正文各个段落（如果一家城市商业银行……更不可完全照搬。）悬挂缩进 2 字符、行距为 1.3 倍，段前和段后间距各 0.5 行。

3. 将正文第二段（许多已经……不尽如人意。）分为等宽的两栏，栏宽为 18 字符，栏中间加分隔线；首字下沉 2 行。

4. 将倒数第一行到第七行的文字转换为一个 7 行 4 列的表格，第四列列宽设为 4.5 厘米。设置表格居中，表格中所有文字靠下居中，并设置表格行高为 0.8 厘米。

5. 设置表格外框线为 3 磅红色单实线，内框线为 1 磅黑色单实线，其中第一行的底纹设置为灰色 25%。

五、Excel 数据处理

题号：4403

请在打开的窗口中进行如下操作，操作完成后，请关闭 Excel 并保存工作簿。

在工作表 sheet1 中完成如下操作：

1. 在 B2:B10 的单元格区域内写入学生的学号 001,002,…,009（必须为 001，而不是 1）。在 G2:G10 内用平均数函数计算出每个学生的平均分，小数位数为 1，负数格式为"第 4 行"格式。以"平均分"为首键字进行递减排序。

2. 在 B11 单元格区域内以百分数表示的优秀率改为以分数形式表示。

	A	B	C	D	E	F	G	H
1	系	学号	姓名	高数	外语	计算机基础	平均分	
2	计算机	002	赵萌萌	85	87	90	87.3	
3	法律	007	黄小小	89	88	80	85.7	
4	环保	004	李壮	90	80	85	85.0	
5	经济学	003	孙丽	78	79	78	78.3	
6	法律	005	张小明	87	60	78	75.0	
7	计算机	008	马伟	77	35	89	67.0	
8	计算机	001	王海	60	58	80	66.0	
9	计算机	009	杨天	45	76	76	65.7	
10	经济学	006	周蓉	79	55	47	60.3	
11	优秀率为：	1/3						
12								

六、PowerPoint 演示文稿

题号：19824

请在打开的窗口中进行如下操作,操作完成后,请关闭 PPT 并保存。

说明：考试文件不要另存到其他目录下或修改考试文件的名字。

文件中所需要的指定图片在考试文件夹中查找。

考试文件夹可以通过单击客户端主页面上方的考生目录路径链接进入。

打开考生文件夹下的演示文稿 yswg.pptx,按照下列要求完成对此文稿的修饰并保存。

1. 第一张幻灯片的版式改为"两栏内容",文本设置为 23 磅字,将考生文件夹下的文件 ppt1.png 插入到第一张幻灯片右侧内容区域,且设置幻灯片最佳比例。在第一张幻灯片前插入一张版式为"标题幻灯片"的新幻灯片,主标题区域输入"'红旗-7'防空导弹",副标题区域输入"防范对奥运会的干扰和破坏",其背景设置为"绿色大理石"纹理。第三张幻灯片版式改为"垂直排列标题与文本",文本动画设置为"切入",效果选项为"自顶部"。第四张幻灯片版式改为"两栏内容"。将考生文件夹下的文件 ppt2.png 插入到右侧内容区域,且设置幻灯片最佳比例。

2. 放映方式为"观众自行浏览"。

第六套试卷

一、单项选择

题号：29

按电子计算机传统的分代方法,第一代至第四代计算机依次是_____。

A. 电子管计算机,晶体管计算机,小、中规模集成电路计算机,大规模和超大规模集成电路计算机

B. 手摇机械计算机,电动机械计算机,电子管计算机,晶体管计算机

C. 晶体管计算机,集成电路计算机,大规模集成电路计算机,光器件计算机

D. 机械计算机,电子管计算机,晶体管计算机,集成电路计算机

答案：A

题号：895

目前,PC 中所采用的主要功能部件(如 CPU)是_____。

A. 光器件　　　　　　　　　　B. 晶体管

C. 小规模集成电路　　　　　　D. 大规模集成电路

答案：D

题号：981

下列的英文缩写和中文名字的对照中,错误的是_____。

A. ROM——随机存取存储器

B. ISDN——综合业务数字网

C. ISP——因特网服务提供商

D. URL——统一资源定位器

答案：A

题号：5577

下列设备组中，完全属于输入设备的一组是_____。

A. 绘图仪，键盘，鼠标器

B. 打印机，硬盘，条码阅读器

C. CD-ROM 驱动器，键盘，显示器

D. 键盘，鼠标器，扫描仪

答案：D

题号：4774

计算机的主要特点是_____。

A. 速度快、存储容量大、性能价格比低

B. 速度快、存储容量大、可靠性高

C. 速度快、性能价格比低、程序控制

D. 性能价格比低、功能全、体积小

答案：B

题号：1529

以下关于电子邮件的说法，不正确的是_____。

A. 一个人可以申请多个电子信箱

B. 电子邮件的英文简称是 E-mail

C. 在一台计算机上申请的"电子信箱"，以后只有通过这台计算机上网才能收信

D. 加入因特网的每个用户通过申请都可以得到一个"电子信箱"

答案：C

题号：3555

下列各存储器中，存取速度最快的一种是_____。

A. CD-ROM   B. 动态 RAM[DRAM]

C. Cache   D. 硬盘

答案：C

题号：201

主机域名 MH. BIT. EDU. CN 中最高域是_____。

A. CN   B. BIT   C. EDU   D. MH

答案：A

题号：6811

世界上第一台计算机是 1946 年美国研制成功的，该计算机的英文缩写名为_____。

A. MARK-Ⅱ   B. ENIAC   C. EDSAC   D. EDVAC

答案：B

题号：1302

当前微机上运行的 Windows XP 属于_____。

A. 批处理操作系统　　　　　　　　B. 单用户单任务操作系统

C. 单用户多任务操作系统　　　　　D. 分时操作系统

答案：C

题号：557

下列度量单位中,用来度量计算机外部设备传输率的是_____。

A. MIPS　　　　　B. MB　　　　　C. MB/s　　　　　D. GHz

答案：C

题号：1267

计算机最主要的工作特点是_____。

A. 有记忆能力　　　　　　　　　B. 高速度与高精度

C. 存储程序与自动控制　　　　　D. 可靠性与可用性

答案：C

题号：1287

在计算机中,既可作为输入设备又可作为输出设备的是_____。

A. 显示器　　　　B. 键盘　　　　C. 打印机　　　　D. 磁盘驱动器

答案：D

题号：6341

下列各存储器中,存取速度最快的是_____。

A. 内存储器　　　　B. CD-ROM　　　　C. 硬盘　　　　D. 软盘

答案：A

题号：875

一个字长为 7 位的无符号二进制整数能表示的十进制数值范围是_____。

A. 0～255　　　　B. 0～256　　　　C. 0～127　　　　D. 0～128

答案：C

题号：1018

存储在 ROM 中的数据,当计算机断电后_____。

A. 完全丢失　　　　B. 不会丢失　　　　C. 可能丢失　　　　D. 部分丢失

答案：B

题号：3099

下列叙述中,正确的是_____。

A. 计算机病毒通过读写软盘或 Internet 网络进行传播

B. 所有计算机病毒只在可执行文件中传染

C. 计算机病毒是由于软盘片表面不清洁而造成的

D. 只要把带毒软盘片设置成只读状态,那么此盘片上的病毒就不会因读盘而传染给另
　　一台计算机

答案：A

题号：6266

在下列字符中,其 ASCII 码值最小的一个是_____。

A. a　　　　　　　B. Z　　　　　　　C. 9　　　　　　　D. p

答案:C

题号:1981

计算机内部,一切信息的存取、处理和传送都是以_____进行的。

A. ASCII 码　　　　　　　　　　　B. EBCDIC 码

C. 十六进制　　　　　　　　　　　D. 二进制

答案:D

题号:5888

字长是 CPU 的主要性能指标之一,它表示_____。

A. 最大的有效数字位数

B. CPU 一次能处理二进制数据的位数

C. 最长的十进制整数的位数

D. 计算结果的有效数字长度

答案:B

二、中英文打字

题号:2111

直到 Micromedia 被 Adobe 公司收购以后,ActionScript 遇到了一个不大不小的变革。说大,是因为语言结构发生了很大的变化;说小,是因为虽然类的组织进行了更加完善的架构,而根本的思想还是从之前的体系演化而来的。当然,在这个过程中,ActionScript 的能力得到了进一步的强化,也吸引了很多从事 Java 或 C++ 的程序员进来,于是,Flash 被更加明确地分成了两类:界面动画图形设计与交互程序。不可否认,ActionScript 3 核心的类库做出了大幅度的重构,并且在语法上也和 ActionScript 2 存在着较大的分歧。然而,要注意的是,虽然这个改动导致了很多从事 ActionScript 2 开发者难以适应,但是,新的架构体系与其说是改变了很多东西,还不如说是提炼了很多东西,它以更规范、更高效的形态来逐步改变开发者的思想。

三、文件操作

题号:5525

请在打开的窗口中,进行下列操作,完成所有操作后,请关闭窗口。

----

1. 把 back 文件夹下的文件 index.idx 改名为 suoyin.idx。

2. 把文件夹 docu 下文件夹 flower 中以 dat 为扩展名的文件移动到文件夹 back 下。

3. 把文件 count.txt 属性改为隐藏属性(其他属性删除)。

4. 删除文件夹 docu 下文件夹 tree 下所有扩展名为 wps 的文件。

5. 在 back 文件夹下建立文件 sort.dbf 的快捷方式,快捷方式名称是:sort。

四、Word 文字处理

题号：19302

请在打开的窗口中进行如下操作，操作完成后，请保存文档并关闭 Word 应用程序。

说明：文件中所需要的指定图片在考试文件夹中查找。

考试文件夹可以通过单击客户端主页面上方的考生目录路径链接进入。

考试文件不要另存到其他目录下或修改考试文件的名字。

在考生文件夹下打开文档 word.docx，按照要求完成下列操作并以该文件名（word.docx）保存文档。

1. 将标题段（"袁隆平再攀高峰"）文字设置为小二号红色黑体、加粗、居中。

2. 设置正文各段落（本报讯……冲刺目标点。）的中文文字为 5 号宋体，西文文字为 5 号 Arial 字体；设置正文各段落悬挂缩进 2 字符，行距 18 磅，段前间距 0.5 行。

3. 插入页眉并在页眉居中位置输入小五号宋体文字"科技新闻"。设置页面纸张大小为 B5（JIS）。

4. 将文中后 7 行文字转换成一个 7 行 2 列的表格，设置表格居中，并以"根据内容调整表格"选项自动调整表格，设置表格所有文字水平居中。

5. 设置表格外框线为 3 磅蓝色双窄线，内框线为 1 磅蓝色单实线；设置表格为黄色底纹。

五、Excel 数据处理

题号：6761

请在打开的窗口中进行如下操作，操作完成后，请关闭 Excel 并保存工作簿。

在工作表 sheet1 中完成如下操作：

1. 将工作表重命名为"股票行情表"。

2. 设置表格中"日期"列所有单元格的水平对齐方式为居中。

在工作表 sheet2 中完成如下操作：

3. 为 E7 单元格添加批注，内容为"特别行政区"。

4. 将表格中的数据以"东京"为关键字，按升序排序。

5. 利用公式计算出第一季度的最高值和最低值，结果放在相应单格中。

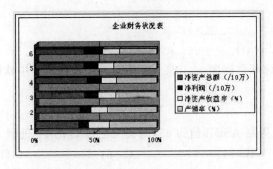

六、PowerPoint 演示文稿

题号：19828

请在打开的窗口中进行如下操作，操作完成后，请关闭 PPT 并保存。

说明：考试文件不要另存到其他目录下或修改考试文件的名字。

文件中所需要的指定图片在考试文件夹中查找。

考试文件夹可以通过单击客户端主页面上方的考生目录路径链接进入。

打开考生文件夹下的演示文稿 yswg.pptx，按照下列要求完成对此文稿的修饰并保存。

1. 对第一张幻灯片，主标题文字输入"计算机基础知识"，其字体为楷体，字号为 63 磅，加粗，颜色为红色(请用自定义标签的红色 250、绿色 0、蓝色 0)。副标题输入"第一章"，其字体为仿宋，字号为 30 磅。将第三张幻灯片的剪贴画区域插入剪贴画"飞机"，且剪贴画动画设置为"进入""飞入""自右侧"。将第一张幻灯片的背景渐变填充为"心如止水""矩形"。

2. 删除第四张幻灯片。全部幻灯片放映方式设置为"观众自行浏览(窗口)"。

第七套试卷

一、单项选择

题号：68

汉字国标码(GB 2312—80)把汉字分成_____等级。

A. 常用字，次常用字，罕见字三个

B. 一级汉字，二级汉字，三级汉字共三个

C. 简化字和繁体字两个

D. 一级汉字，二级汉字共两个

答案：D

题号：898

下列各进制的整数中，_____表示的值最大。

A. 十进制数 11   B. 二进制数 11   C. 八进制数 11   D. 十六进制数 11

答案：D

题号：4291

计算机软件系统包括_____。

A. 编译系统和应用软件   B. 程序和文档

C. 数据库管理系统和数据库   D. 系统软件和应用软件

答案：D

题号：1139

英文字母 A 的 10 进制 ASCII 值为 65，则英文字母 Q 的 16 进制 ASCII 值为_____。

A. 81   B. 94   C. 51   D. 73

答案：C

题号：694

目前微机中所广泛采用的电子元器件是_____。

A. 电子管　　　　　　　　　　　　B. 小规模集成电路

C. 大规模和超大规模集成电路　　　D. 晶体管

答案：C

题号：1233

下列四项内容中,不属于Internet(因特网)基本功能是_____。

A. 文件传输　　　　B. 电子邮件　　　　C. 实时监测控制　　　D. 远程登录

答案：C

题号：1230

用户在ISP注册拨号入网后,其电子邮箱建在_____。

A. 发信人的计算机上　　　　　　　B. ISP的主机上

C. 用户的计算机上　　　　　　　　D. 收信人的计算机上

答案：B

题号：2348

二进制数 00111001 转换成十进制数是_____。

A. 58　　　　　　B. 41　　　　　　C. 56　　　　　　D. 57

答案：D

题号：1901

在微机系统中,对输入输出设备进行管理的基本系统是存放在_____中。

A. 硬盘　　　　B. RAM　　　　C. 高速缓存　　　　D. ROM

答案：D

题号：3502

正确的电子邮箱地址的格式是_____。

A. 用户名＋@＋计算机名＋机构名＋最高域名

B. 计算机名＋@＋机构名＋最高域名＋用户名

C. 计算机名＋机构名＋最高域名＋用户名

D. 用户名＋计算机名＋机构名＋最高域名

答案：A

题号：2452

防止软盘感染病毒的有效方法是_____。

A. 定期对软盘进行格式化　　　　　B. 使软盘写保护

C. 不要把软盘与有毒软盘放在一起　D. 保持机房清洁

答案：B

题号：1360

第一代电子计算机的主要组成元件是_____。

A. 集成电路　　　　B. 电子管　　　　C. 晶体管　　　　D. 继电器

答案：B

题号：6601

CD-ROM 属于_____。

A. 只读内存储器
B. 大容量只读外存储器
C. 大容量可读可写外存储器
D. 直接受 CPU 控制的存储器

答案：B

题号：3542

假设某台计算机的内存容量为 256MB，硬盘容量为 40GB。硬盘容量是内存容量的_____。

A. 100 倍
B. 120 倍
C. 80 倍
D. 160 倍

答案：D

题号：3323

下列两个二进制数进行算术加运算，10000＋1101 ＝ _____。

A. 11001
B. 11101
C. 11111
D. 10011

答案：B

题号：2321

在标准 ASCII 码表中，英文字母 a 和 A 的码值之差的十进制值是_____。

A. 20
B. −20
C. −32
D. 32

答案：D

题号：2836

计算机存储器中，一个字节由_____位二进制位组成。

A. 8
B. 16
C. 32
D. 4

答案：A

题号：2285

一个字节表示的最大无符号整数是_____。

A. 256
B. 255
C. 127
D. 128

答案：B

题号：2587

如果要运行一个指定的程序，那么必须将这个程序装入到_____中。

A. 硬盘
B. RAM
C. CD-ROM
D. ROM

答案：B

题号：4136

微机突然断电，此时微机_____中的信息全部丢失，恢复供电后也无法恢复这些信息。

A. 硬盘
B. 软盘
C. RAM
D. ROM

答案：C

二、中英文打字

题号：3046

ActionScript 开发界缺少一本真正的以面向对象思想来讲解的书籍，缺少从 ActionScript 3

语言架构上来分析的书籍。很多 ActionScript 开发人员都只停留在知道 OOP 语法、会熟练运用 ActionScript 3 提供的类库 API 阶段，而对 OOP 思想和 ActionScript 3 整个系统架构脉络一知半解。买椟还珠，这是很可惜的。本书尝试以系统架构师的眼光，以面向对象思想为主轴，讲述 ActionScript 3 中面向对象的精髓和应用。从 ActionScript 3 系统架构的高度，清楚明白地讲解 ActionScript 3 的 API 设计原因、原理和应用。面向对象思想和 ActionScript 3 系统架构就是 RIA 开发的任督二脉，打通之后，你就会觉得所有 ActionScript 3 知识都是共通共融、浑然一体的，从而再学习广阔的 ActionScript 3 开源世界中的其他东西时，也会觉得高屋建瓴、势如破竹、轻松如意。

三、文件操作

题号：6398

请在打开的窗口中，进行下列操作，完成所有操作后，请关闭窗口。

----

1. 新建 test 文件夹，设置其属性为“隐藏”。
2. 将“学生 1”“学生 2”两个文本文件移动到 test 文件夹中。
3. 将“学生 5. mdb”改名为“学生 5. txt”。

四、Word 文字处理

题号：19427

请在打开的窗口中进行如下操作，操作完成后，请保存文档并关闭 Word 应用程序。

说明：文件中所需要的指定图片在考试文件夹中查找。

考试文件夹可以通过单击客户端主页面上方的考生目录路径链接进入。

考试文件不要另存到其他目录下或修改考试文件的名字。

----

1. 在考生文件夹下，打开文档 word. docx，按照要求完成下列操作并以该文件名(word. docx)保存文档。

(1) 将标题段文字(可怕的无声环境)设置为三号红色(红色 255、绿色 0、蓝色 0)仿宋、加粗、居中、段后间距设置为 0.5 行。

(2) 给全文中所有“环境”一词添加单波浪下划线；将正文各段文字(科学家曾做过……身心健康。)设置为小四号宋体(正文)；各段落左右各缩进 0.5 字符；首行缩进 2 字符。

(3) 将正文第一段(科学家曾做过……逐渐走向死亡的陷阱。)分为等宽两栏，栏宽 20 字符、栏间加分隔线。注意：分栏时，段落范围包括本段末尾的回车符。

(4) 制作一个 5 列 6 行表格放置在正文后面。设置表格列宽为 2.5 厘米、行高 0.6 厘米、表格居中；设置表格外框线为红色(红色 255、绿色 0、蓝色 0，下同)3 磅单实线、内框线为红色 1 磅单实线。

(5) 再对表格进行如下修改：合并第 1、2 行第 1 列单元格，并在合并后的单元格中添加一条红色 1 磅单实线的对角线(使用边框内的斜下框线添加)；合并第 1 行第 2、3、4 列单元格；合并第 6 行第 2、3、4 列单元格，并将第 6 行合并后的单元格均匀拆分为 2 列（修改后仍保持内框线为红色 1 磅单实线）；设置表格第 1、2 行为绿色（红色 175、绿色 255、蓝色 100）底纹。

五、Excel 数据处理

题号：3059

——

请在打开的窗口中进行如下操作，操作完成后，请关闭 Excel 并保存工作簿。

——

在工作表 sheet1 中完成如下操作：

1. 在"产品名称"前加入一列，在 A1 内输入单元格文本为"产品编号"，依次在 A2：A8 单元格区域中写入 01 到 07。

2. 在 F2：F8 中使用公式计算出每种产品的总金额（总金额＝数量 * 单价），设置"总金额"列所有单元格的货币格式为￥。

3. 对 A1：F8 单元格区域内进行有标题递减排序，排序条件以"总金额"为首关键字。

	A	B	C	D	E	F	G
1	产品编号	产品名称	购货公司	数量	单价	总金额	
2	04	显示器	鸿飞公司	14	￥1,300.00	￥18,200.00	
3	06	调制解调	五十七中学	34	￥210.00	￥7,140.00	
4	05	主板	常达公司	15	￥430.00	￥6,450.00	
5	02	扫描仪	达通公司	5	￥460.00	￥2,300.00	
6	01	打印机	常达公司	2	￥500.00	￥1,000.00	
7	03	音箱	常达公司	6	￥30.00	￥180.00	
8	07	电源	通达居委会	7	￥5.70	￥39.90	
9							
10							

六、PowerPoint 演示文稿

题号：20087

为了更好地控制教材编写的内容、质量和流程，小李负责起草了图书策划方案。他将图书策划方案 Word 文档中的内容制作成了可以向教材编委会进行展示的 PowerPoint 演示文稿。现在，请你根据已制作好的演示文稿"图书策划方案.pptx"，完成下列要求：

1. 为演示文稿应用"凤舞九天"主题样式。

2. 将演示文稿中的第一页幻灯片，调整为"仅标题"版式，并调整标题到适当的位置。

3. 在标题为"2012 年同类图书销量统计"的幻灯片页中，插入一个 6 行、6 列的表格，列标题分别为"图书名称""出版社""出版日期""作者""定价""销量"。

4. 为演示文稿设置不少于 3 种幻灯片切换方式。

5. 设置第二张幻灯片切换效果为"垂直百叶窗"，设置第六张幻灯片切换效果为"自左侧涡流"。

6. 在该演示文稿中创建一个演示方案，该演示方案包含第 1、3、4、6 页幻灯片，并将该演示方案命名为"放映方案 1"。

7. 演示文稿播放的全程需要有背景音乐，使用所给素材"月光.mp3"。

8. 保存制作完成的演示文稿，并将其命名为 PowerPoint.pptx。

Slide 1:
Microsoft Office图书策划案

Slide 2:
推荐作者简介
- 刘雅汶
  公司技术经理
- 主要代表作品
  《Microsoft Office整合应用精要》
  《Microsoft Word企业应用宝典》
  《Microsoft Office应用办公好帮手》
  《Microsoft Office专家门诊》

Slide 3:
Office 2010 的十大优势
- 更直观地表达想法
- 协作的绩效更高
- 从更多地点更多设备上享受熟悉的Office体验
- 提供强大的数据分析和可视化功能
- 创建出类拔萃的演示文稿
- 轻松管理大量电子邮件

Slide 4:
- 在一个位置存储并跟踪自己的所有想法和笔记
- 即时传递消息
- 更快、更轻松地完成任务
- 在不同的设备和平台上访问工作信息

Slide 5:
新版图书读者定位
- 信息工作者
- 学生和教师
- 办公应用技能培训班
- 大专院校教材

Slide 6:
PowerPoint 2010创新的功能体验
- 在新增的后台视图中管理文件
- 与同事共同创作演示文稿
- 将幻灯片组织为逻辑节
- 将演示文稿转变成视频
- 使用SmartArt 图形图片布局
- 删除背景工具

Slide 7:
2012年同类图书销量统计

图书名称	出版社	出版日期	作者	定价	销量

Slide 8:
新版图书创作流程示意
- 确定选题
  - 选定作者
  - 选题沟通
- 图书编写
- 编辑审校
- 排版印刷
- 上市发行

第八套试卷

一、单项选择

题号：1674

WPS、Word 等文字处理软件属于_____。

A. 应用软件　　　　B. 系统软件　　　　C. 网络软件　　　　D. 管理软件

答案：A

题号：5045

英文缩写 CAM 的中文意思是_____。

A. 计算机辅助教学　　　　　　　　B. 计算机辅助设计

C. 计算机辅助制造　　　　　　　　D. 计算机辅助管理

答案：C

题号：3268

下列存储器中,属于外部存储器的是_____。

A. ROM　　　　　　B. RAM　　　　　　C. Cache　　　　　　D. 硬盘

答案：D

题号：3411

计算机最早的应用领域是_____。

A. 过程控制　　　　B. 数值计算　　　　C. 人工智能　　　　D. 信息处理

答案：B

题号：1783

下列各项中,_____能作为电子邮箱地址。

A. TT202♯YAHOO　　　　　　　　B. A112.256.23.8

C. K201&YAHOO.COM.CN　　　　　D. L202@263.NET

答案：D

题号：3645

十进制数 91 转换成二进制数是_____。

A. 1011011　　　　B. 10101101　　　　C. 1001101　　　　D. 1011101

答案：A

题号：3657

用来存储当前正在运行的程序指令的存储器是_____。

A. 硬盘　　　　　　B. CD-ROM　　　　　C. 内存　　　　　　D. 软盘

答案：C

题号：4344

下列关于电子邮件的叙述中,正确的是_____。

A. 如果收件人的计算机没有打开时,发件人发来的电子邮件将丢失

B. 如果收件人的计算机没有打开时,当收件人的计算机打开时再重发

C. 发件人发来的电子邮件保存在收件人的电子邮箱中,收件人可随时接收

D. 如果收件人的计算机没有打开时,发件人发来的电子邮件将退回

答案:C

题号:1619

组成计算机指令的两部分是_____。

A. 运算符和运算结果

B. 操作码和地址码

C. 数据和字符

D. 运算符和运算数

答案:B

题号:3437

根据 Internet 的域名代码规定,域名中的_____表示商业组织的网站。

A. .com   B. .gov   C. .net   D. .org

答案:A

题号:6280

下列叙述中,错误的是_____。

A. 硬盘与 CPU 之间不能直接交换数据

B. 硬盘驱动器既可做输入设备又可做输出设备用

C. 硬盘属于外部存储器

D. 硬盘在主机箱内,它是主机的组成部分

答案:D

题号:1779

用 8 个二进制位能表示的最大的无符号整数等于十进制整数_____。

A. 255   B. 256   C. 128   D. 127

答案:A

题号:2867

用 MIPS 为单位来衡量计算机的性能,它指的是计算机的_____。

A. 运算速度

B. 存储器容量

C. 传输速率

D. 字长

答案:A

题号:347

CD-ROM 光盘_____。

A. 不能读不能写

B. 能读能写

C. 只能读不能写

D. 只能写不能读

答案:C

题号:1772

在不同进制的四个数中,最小的一个数是_____。

A. 2A(十六进制)

B. 37(八进制)

C. 75(十进制)

D. 11011001(二进制)

答案:B

题号:2348

二进制数 00111001 转换成十进制数是_____。

A. 58　　　　　　B. 41　　　　　　C. 56　　　　　　D. 57

答案：D

题号：3063

1946 年首台电子数字计算机 ENIAC 问世后，冯·诺伊曼（von Neumann），提出两个重要的改进，它们是_____。

A. 采用二进制和存储程序控制的概念

B. 引入 CPU 和内存储器的概念

C. 采用机器语言和十六进制

D. 采用 ASCII 编码系统

答案：A

题号：5256

下列说法中，正确的是_____。

A. 同一个汉字的输入码的长度随输入方法不同而不同

B. 同一汉字用不同的输入法输入时，其机内码是不相同的

C. 一个汉字的机内码与它的国标码是相同的，且均为 2 字节

D. 不同汉字的机内码的长度是不相同的

答案：A

题号：5500

下列关于计算机病毒的叙述中，错误的是_____。

A. 计算机病毒具有传染性

B. 反病毒软件必须随着新病毒的出现而升级，提高查、杀病毒的功能

C. 计算机病毒是人为制造的、企图破坏计算机功能或计算机数据的一段小程序

D. 反病毒软件可以查、杀任何种类的病毒

答案：D

题号：6266

在下列字符中，其 ASCII 码值最小的一个是_____。

A. a　　　　　　B. Z　　　　　　C. 9　　　　　　D. p

答案：C

二、中英文打字

题号：1328

MeeGo 为开发人员提供了一整套工具，以便于开发人员能够轻松、迅速地创建各种新的应用。MeeGo 将 Qt 平台的开发技术融合进来，使用 Qt 和 Web runtime 作为应用程序开发，Qt 基于原生的 C++，Web runtime 基于 Web 应用程序（HTML，JS，CSS 等）。Qt 和 Web runtime 带来了跨平台开发，使应用程序可以实现跨越多个平台。Web 开发工具的插件为标准的 Web 开发工具，包括 Aptana 和 Dreamweaver。MeeGo 的开发工具有开源和非开源之分，其中开源工具包含：MeeGoImage Creator，能够启动创建各种格式的自定义系统镜像。PowerTOP（IA only），属于平台级的功耗分析和优化工具。非开源的工具为英特尔

商业开发工具,其中包括:英特尔 C/C++编译工具,英特尔 JTAG 和应用程序调试工具,英特尔集成性能基元(英特尔 IPP)以及 Vtune 性能分析器。

三、文件操作

题号:4142

请在打开的窗口中,进行下列操作,完成所有操作后,请关闭窗口。

----

1. 建立文件夹 EXAM4,并将文件夹 SYS 中 YYD. doc、SJK4. mdb 和 DT4. xls 复制到文件夹 EXAM4 中。

2. 将文件夹 SYS 中 YYD. doc 改名为 ADDRESS. doc,删除 SJK4. mdb,设置 Atextbook. dbf 文件属性为只读,将 DT4. xls 压缩为 DT4. rar 压缩文件。

3. 建立文件夹 RED,并将 GX 文件夹中以 B 和 C 开头的全部文件移动到文件夹 RED 中。

4. 搜索 GX 文件夹下所有的＊. jpg 文件,并将按文件大小升序排列在最前面的三个文件移动到文件夹 RED 中。

四、Word 文字处理

题号:19255

请在打开的窗口中进行如下操作,操作完成后,请保存文档并关闭 Word 应用程序。
说明:文件中所需要的指定图片在考试文件夹中查找。
考试文件夹可以通过单击客户端主页面上方的考生目录路径链接进入。
考试文件不要另存到其他目录下或修改考试文件的名字。

----

1. 在考生文件夹下,打开文档 word1. docx,按照要求完成下列操作并以该文件名(word1. docx)保存文档。

(1) 将标题段文字("星星连珠"会引发灾害吗?)设置为蓝色小三号宋体、加粗、居中。

(2) 设置正文各段落("星星连珠"时,……可以忽略不计。)左右各缩进 0.5 字符、段后间距 0.5 行。

(3) 将正文第一段("星星连珠"时,……特别影响。)分为等宽的两栏、栏间距为 0.54 字符。

2. 在考生文件夹下,打开文档 word2. docx,按照要求完成下列操作并以该文件名(word2. docx)保存文档。

(1) 在表格最右边插入一列,输入列标题"实发工资",并计算出各职工的实发工资(用函数,参数为 LEFT)。

(2) 设置表格居中、表格列宽为 2 厘米,行高为 0.6 厘米、表格所有内容水平居中;设置表格所有框线为 0.75 磅红色双窄线。

五、Excel 数据处理

题号：20072

小伟在自己在读的学院里面勤工助学，兼职当副院长的助理一职，平时主要负责对各种文案或者数据的整理。现在，信息与计算科学专业的期末考试的部分成绩需要录入文件名为"考生成绩单.xlsx"的 Excel 工作簿文档中去。

请根据下列要求帮助小伟对该成绩单进行分析整理：

1. 利用"条件格式"功能进行下列设置：将大学物理和大学英语两科中低于 80 分的成绩所在的单元格以深红颜色填充，其他五科中大于或等于 95 分的成绩以橙色标出。

2. 对工作表"考生成绩单.xlsx"中的数据列表进行如下格式化操作：将第一列"学号"设置为文本，设置成绩列为保留两位小数的数值。改变数据列表中的行高、列宽，改变字体为黑体、字号为 10，设置底纹为浅绿。

3. 用 sum 和 average 函数计算每一个学生的总分以及平均成绩。

4. 复制工作表"考生成绩单.xlsx"，将副本放置于原表之后，新表重新命名为"成绩单分类汇总"。

5. 通过分类汇总功能求出每个班各科的平均成绩，并将每组结果分页显示。

6. 创建一个簇状柱形图，对每个班各科平均成绩进行比较。

六、PowerPoint 演示文稿

题号：20078

小张是网络公司人力资源部培训员，年初公司新招聘了一批网络编辑，需要对他们进行编辑工作培训。编辑部经理已经制作了一份演示文稿的素材"编辑入职培训.pptx"，请打开该文档进行美化，要求如下：

1. 请将第 1 张幻灯片版式设置为"标题幻灯片"，将第 7 张幻灯片的版式设为"两栏内容"，其他幻灯片版式设置为"标题和内容"。

2. 为整个演示文稿指定"波形"的设计主题。

3. 根据第七张幻灯片左侧的文字内容创建一个工作流程图，并为该工作流程图添加任意动画效果。

4. 为第 2、3、8、11 张幻灯片中的目录文字加入超链接，链接到当前文档中的对应位置，其中第二张各行内容添加动画"上升"，第三张各行内容添加动画"旋转"。

5. 幻灯片 14 切换方式为"涟漪"→"居中"。

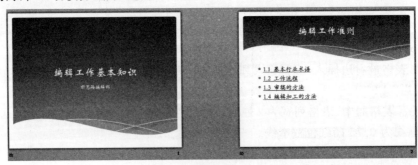

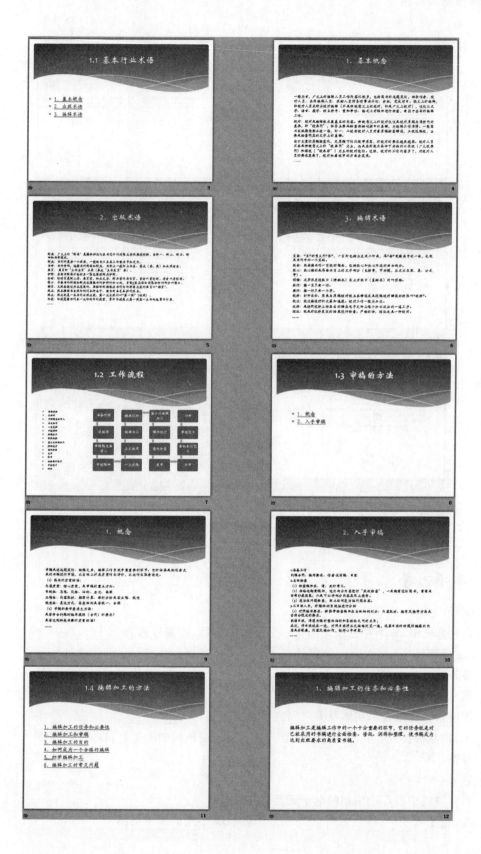

上机考试模拟试卷

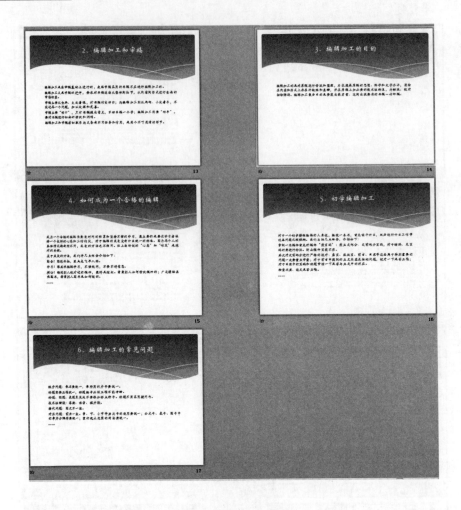

第九套试卷

一、单项选择

题号：1918

在计算机中,每个存储单元都有一个连续的编号,此编号称为_____。

A. 门牌号　　　　　B. 位置号　　　　　C. 房号　　　　　D. 地址

答案：D

题号：6035

用网状结构来表示实体及其之间的联系的模型称为_____。

A. 网状模型　　　B. 关系模型　　　C. 逻辑模型　　　D. 层次模型

答案：A

题号：694

目前微机中所广泛采用的电子元器件是_____。

A. 电子管　　　　　　　　　　　　B. 小规模集成电路

C. 大规模和超大规模集成电路　　　　D. 晶体管

答案：C

题号：1222

办公室自动化（OA）是计算机的一大应用领域，按计算机应用的分类，它属于_____。

A. 辅助设计　　　　B. 实时控制　　　　C. 数据处理　　　　D. 科学计算

答案：C

题号：784

DVD-ROM 属于_____。

A. 大容量可读可写外存储器　　　　　　B. 大容量只读外部存储器

C. CPU 可直接存取的存储器　　　　　　D. 只读内存储器

答案：B

题号：2659

用来控制、指挥和协调计算机各部件工作的是_____。

A. 存储器　　　　B. 运算器　　　　C. 鼠标器　　　　D. 控制器

答案：D

题号：895

目前，PC 中所采用的主要功能部件（如 CPU）是_____。

A. 光器件　　　　　　　　　　　　　　B. 晶体管

C. 小规模集成电路　　　　　　　　　　D. 大规模集成电路

答案：D

题号：3061

计算机病毒最重要的特点是_____。

A. 可执行　　　　B. 可拷贝　　　　C. 可传染　　　　D. 可保存

答案：C

题号：1184

正确的 IP 地址是_____。

A. 202.202.1　　　　　　　　　　　　B. 202.257.14.13

C. 202.112.111.1　　　　　　　　　　D. 202.2.2.2.2

答案：C

题号：1772

在不同进制的四个数中，最小的一个数是_____。

A. 2A（十六进制）　　　　　　　　　　B. 37（八进制）

C. 75（十进制）　　　　　　　　　　　D. 11011001（二进制）

答案：B

题号：1674

WPS、Word 等文字处理软件属于_____。

A. 应用软件　　　　B. 系统软件　　　　C. 网络软件　　　　D. 管理软件

答案：A

题号：4034

微型机运算器的主要功能是进行_____。

A. 加法运算　　　　　　　　　　B. 算术运算

C. 算术和逻辑运算　　　　　　　D. 逻辑运算

答案：C

题号：3850

当计算机病毒发作时，主要造成的破坏是_____。

A. 对磁盘片的物理损坏

B. 对 CPU 的损坏

C. 对磁盘驱动器的损坏

D. 对存储在硬盘上的程序、数据甚至系统的破坏

答案：D

题号：1422

下列说法中，正确的是_____。

A. 优盘的容量远大于硬盘的容量

B. 光盘是唯一的外部存储器

C. 内存储器的存取速度比移动硬盘的存取速度慢

D. MP3 的容量一般小于硬盘的容量

答案：D

题号：3302

区位码输入法的最大优点是_____。

A. 编码有规律，不易忘记　　　　B. 只用数码输入，方法简单、容易记忆

C. 易记易用　　　　　　　　　　D. 一字一码，无重码

答案：D

题号：3645

十进制数 91 转换成二进制数是_____。

A. 1011011　　B. 10101101　　C. 1001101　　D. 1011101

答案：A

题号：1189

在计算机中，条码阅读器属于_____。

A. 计算设备　　B. 输入设备　　C. 存储设备　　D. 输出设备

答案：B

题号：2502

目前市售的 USB FLASH DISK（俗称优盘）是一种_____。

A. 显示设备　　B. 输入设备　　C. 输出设备　　D. 存储设备

答案：D

题号：192

用 MHz 来衡量计算机的性能，它指的是_____。

A. CPU 的时钟主频　　　　　　　B. 存储器容量

C. 运算速度　　　　　　　　　　D. 字长

答案：A

题号：6677

ROM 中的信息是_____。

A. 由计算机制造厂预先写入的

B. 由程序临时存入的

C. 根据用户的需求,由用户随时写入的

D. 在系统安装时写入的

答案：A

二、中英文打字

题号：4724

控件的属性设置可以在 OLECustomControl 对话框中的 OLEControlProperties 按钮中进行设置(如图 1 所示),您也可以鼠标右击控件菜单的 OCXProperties 选项,进入 ControlProperties 属性对话框。InputLen 从接收缓冲区中读取字符数。设置 InputLen 值为 0 时,使用 Input 将使 MSComm 控件读取接收缓冲区中全部的内容。ComEvReceive2 收到 Rthreshold 个字符。该事件将持续产生,直到使用 Input 属性从接收缓冲区中删除数据。可以将它存放到 Flash/EEPROM 中替换 BIOS 程序,它能够实现硬件的检测和初始化,在这之后如果系统采用硬盘等 IDE 接口存储设备,那么 romboot 会自动寻找活动分区上的 nk. bin 文件并加载。romboot 的优点是检测速度和加载速度都很快,但是在支持的硬件系统方面不如 BIOS 全面。另外锚定特征也可能和另一个锚定特征属于从属关系。所以锚定特征也可能不允许被直接删除。

三、文件操作

题号：6907

请在打开的窗口中,进行下列操作,完成所有操作后,请关闭窗口。

----

1. 在 QONE1 文件夹中创建一个名为 XHXM. TXT 的文本文件,内容为本人学号和姓名(如"A08012345 王小明")。

2. 将 QONE2 文件夹中首字母为 C 的所有文件复制到 QONE3\ATRU 文件夹中。

3. 将 QONE3 文件夹中的名为 PWE 的文件夹删除。

4. 在 KS_ANSWER 文件夹中建立一个 QONE4 文件夹的快捷方式,快捷方式的名称设置为 SJU。

四、Word 文字处理

题号：153

请在打开的窗口中进行如下操作,操作完成后,请保存文档并关闭 Word 应用程序。

说明：文件中所需要的指定图片在考试文件夹中查找。

考试文件夹可以通过单击客户端主页面上方的考生目录路径链接进入。

考试文件不要另存到其他目录下或修改考试文件的名字。

1. 设置表格标题"简历表"字体为隶书,对齐方式为居中,字号为 20,字形为粗体,下画线线型为双下画线。

2. 插入一个 7 列 3 行的表格,行高为 34 磅,列宽为 56.7 磅,将第 2 行第 4 列、第 5 列、第 6 列单元格合并为一个单元格,将第 3 行第 4 列、第 5 列、第 6 列单元格合并为一个单元格,将第 7 列第 1、2、3 行合并为一个单元格。

3. 设置表格外边框为 3 磅,颜色为红色,内边框为 0.75 磅,颜色为黄色。

4. 设置表内文字的字体为宋体,字号为五号,对齐方式为居中。

5. 请参照样张填写每个单元格内的文字。

五、Excel 数据处理

题号:1627

请在打开的窗口中进行如下操作,操作完成后,请关闭 Excel 并保存工作簿。

在工作表 sheet1 中完成如下操作:

1. 设置"姓名"列所有单元格的字体为黑体,字号为 16。

2. 为 D6 单元格添加批注,批注内容为"扣税后"。

3. 使用本表中的数据,以"工资"为关键字,以降序方式排序。

在工作表 sheet2 中完成如下操作:

4. 计算"总分",结果分别存放在相应的单元格中。

5. 根据"姓名"和"总分"两列数据插入一个图,图表标题为"总分表",图表类型为圆环图,作为其中的对象插入 sheet2。

6. 将 B 列的底纹颜色设置成淡蓝色。

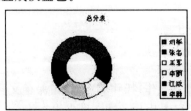

六、PowerPoint 演示文稿

题号：958

要求：请在打开的演示文稿中完成以下操作,完成之后请关闭该窗口。

说明：文件中所需要的素材在当前试题文件夹查找。

----

1. 插入一张新幻灯片,版式为"标题幻灯片",并完成如下设置：

(1) 设置当前幻灯片(不是全部应用)的背景颜色为白色;

(2) 设置主标题文字内容为"产品问卷调查",字体为隶书,字形为加粗,字号为64,自定义动画为"向内溶解";

(3) 设置副标题文本内容为"你对我们的产品满意吗?",自定义动画效果为"旋转"。

2. 插入一张新幻灯片,版式为"空白",并完成如下设置：插入任意一幅剪贴画,设置水平位置为 7.2 厘米,垂直位置为 4.02 厘米。

第十套试卷

一、单项选择

题号：1720

下列的英文缩写和中文名字的对照中,正确的是_____。

A. CIMS——计算机集成管理系统   B. CAD——计算机辅助设计

C. CAI——计算机辅助制造   D. CAM——计算机辅助教育

答案：B

题号：485

下列设备组中，完全属于外部设备的一组是_____。

A. 内存储器，软盘驱动器，扫描仪，显示器

B. 激光打印机，键盘，软盘驱动器，鼠标器

C. CD-ROM 驱动器，CPU，键盘，显示器

D. 打印机，CPU，内存储器，硬盘

答案：B

题号：3178

目前，打印质量最好的打印机是_____。

A. 点阵打印机　　　B. 激光打印机　　　C. 喷墨打印机　　　D. 针式打印机

答案：B

题号：2626

CPU 主要性能指标是_____。

A. 耗电量和效率　　　　　　　B. 发热量和冷却效率

C. 字长和时钟主频　　　　　　D. 可靠性

答案：C

题号：3698

5 位无符号二进制数字最大能表示的十进制整数是_____。

A. 64　　　　　　　B. 32　　　　　　　C. 31　　　　　　　D. 63

答案：C

题号：3957

计算机网络最突出的优点是_____。

A. 精度高　　　　　　B. 容量大　　　　　　C. 共享资源　　　　　　D. 运算速度快

答案：C

题号：1355

下列叙述中，错误的是_____。

A. 外部存储器（如硬盘）用来存储必须永久保存的程序和数据

B. 存储在 RAM 中的信息会因断电而全部丢失

C. 内存储器 RAM 中主要存储当前正在运行的程序和数据

D. 高速缓冲存储器（Cache）一般采用 DRAM 构成

答案：D

题号：5116

用 16×16 点阵来表示汉字的字型，存储一个汉字的字型需用_____字节。

A. 16×2　　　　　　B. 16×3　　　　　　C. 16×4　　　　　　D. 16×1

答案：A

题号：3938

下列关于 CD-R 光盘的描述中，错误的是_____。

A. 只能写入一次，可以反复读出的一次性写入光盘

B. 可多次擦除型光盘

C. 以用来存储大量用户数据的，一次性写入的光盘

D. CD-R 是 Compact Disc Recordable 的缩写

答案：B

题号：6014

计算机硬件系统主要包括：运算器、存储器、输入设备、输出设备和_____。

A. 打印机   B. 控制器   C. 显示器   D. 磁盘驱动器

答案：B

题号：4860

在一个非零无符号二进制整数之后添加一个 0，则此数的值为原数的_____倍。

A. 4   B. 1/4   C. 1/2   D. 2

答案：D

题号：3358

计算机的软件系统可分为_____。

A. 操作系统和语言处理系统   B. 程序、数据和文档

C. 程序和数据   D. 系统软件和应用软件

答案：D

题号：1424

下列关于电子邮件的说法，正确的是_____。

A. 收件人必须有 E-mail 账号，发件人可以没有 E-mail 账号

B. 发件人必须知道收件人的邮政编码

C. 发件人必须有 E-mail 账号，收件人可以没有 E-mail 账号

D. 发件人和收件人均必须有 E-mail 账号

答案：D

题号：3984

下列存储器中，存取周期最短的是_____。

A. DRAM   B. 硬盘存储器   C. SRAM   D. CD-ROM

答案：C

题号：4382

在微型计算机内存储器中，不能用指令修改其存储内容的部分是_____。

A. ROM   B. DRAM   C. SRAM   D. RAM

答案：A

题号：6640

要想把个人计算机用电话拨号方式接入 Internet 网，除性能合适的计算机外，硬件上还应配置一个_____。

A. 集线器   B. 连接器   C. 路由器   D. 调制解调器

答案：D

题号：5114

将十进制数 77 转换为二进制数是_____。

A. 01001100   B. 01001111   C. 01001101   D. 01001011

答案：C

题号：4637

下列四项中不属于微型计算机主要性能指标的是_____。

A. 时钟脉冲   B. 字长   C. 内存容量   D. 重量

答案：D

题号：3374

在标准 ASCII 码表中,已知英文字母 K 的十进制码值是 75,英文字母 k 的十进制码值是_____。

A. 106   B. 105   C. 101   D. 107

答案：D

题号：5404

在微机的配置中常看到 P42.4G 字样,其中数字 2.4G 表示_____。

A. 处理器与内存间的数据交换速率   B. 处理器是 Pentium4 第 2.4

C. 处理器的时钟频率是 2.4GHz   D. 处理器的运算速度是 2.4

答案：C

二、中英文打字

题号：2731

具有高度互动性、丰富用户体验及功能强大的客户端,是目前网络开发的迫切需求。Adobe 公司的 Flash Player 凭借其全球 97％的桌面计算机占有率和跨平台的优势,成为了事实上的下一代的 RIA(Rich Internet Application,丰富因特网程序)主力。Adobe 公司于 2006 年年中推出了强大的 ActionScript 3 语言,和支持 ActionScript 3 的新一代的虚拟机 AVM 2。经测试,AVM 2 执行 ActionScript 3 代码比以前的 ActionScript 2 代码执行效率要快 10 倍以上。ActionScript 3,与 ActionScript 2 和 1 有本质上的不同,是一门功能强大的、面向对象的、具有业界标准素质的编程语言。它是 Flash Player 运行时功能发展中的重要里程碑。ActionScript 3 是快速构建 Rich Internet Application 的理想语言。

三、文件操作

题号：303

请在打开的窗口中,进行下列操作,完成所有操作后,请关闭窗口。

----

1. 将文件夹 tk 重命名为 ck 并将重命名后的文件夹复制到名称为 xs 的文件夹内。
2. 在文件夹 xs 内新建一个名为 xt 的文件夹。
3. 在文件夹 xs 内为文件夹 xt 创建一个名称为 tt 的快捷方式。

四、Word 文字处理

题号：19416

请在打开的窗口中进行如下操作,操作完成后,请保存文档并关闭 Word 应用程序。

说明：文件中所需要的指定图片在考试文件夹中查找。

考试文件夹可以通过单击客户端主页面上方的考生目录路径链接进入。

考试文件不要另存到其他目录下或修改考试文件的名字。

----

1. 在考生文件夹下，打开文档 word1.docx，按照要求完成下列操作并以该文件名（word1.docx）保存文档。

（1）将标题段文字（赵州桥）设置为二号红色黑体、加粗、居中、字符间距加宽 4 磅，并添加黄色底纹。

（2）将正文各段文字（在河北省赵县……宝贵的历史遗产。）设置为五号仿宋；各段落左右各缩进 2 字符、首行缩进 2 字符、行距设置为 1.4 倍距。

（3）将正文第三段（这座桥不但……真像活的一样。）分为等宽的两栏、栏间距为 0.54 字符；栏间加分隔线。

2. 在考生文件夹下，打开文档 word2.docx，按照要求完成下列操作并以该文件名（word2.docx）保存文档。

（1）表格中第 1、2 行文字水平居中，其余各行文字中，第 1 列文字中部两端对齐、其余各列文字中部右对齐。

（2）在"合计（万台）"列的相应单元格中（用函数，参数为 LEFT），计算并填入左侧四列的合计数量；设置外框线为 1.5 磅单实线、内框线为 0.75 磅单实线、第 2、3 行间的内框线为 0.75 磅双窄线。

五、Excel 数据处理

题号：4403

请在打开的窗口中进行如下操作，操作完成后，请关闭 Excel 并保存工作簿。

在工作表 sheet1 中完成如下操作：

1. 在 B2:B10 的单元格区域内写入学生的学号 001,002,…,009（必须为 001,而不是 1）。在 G2:G10 内用平均数函数计算出每个学生的平均分，小数位数为 1,负数格式为"第 4 行"格式。以"平均分"为首关键字进行递减排序。

2. 在 B11 单元格区域内以百分数表示的优秀率改为以分数形式表示。

	A	B	C	D	E	F	G	H
1	系	学号	姓名	高数	外语	计算机基础	平均分	
2	计算机	002	赵萌萌	85	87	90	87.3	
3	法律	007	黄小小	89	88	80	85.7	
4	环保	004	李壮	90	80	85	85.0	
5	经济学	003	孙丽	78	79	78	78.3	
6	法律	005	张小明	87	60	78	75.0	
7	计算机	008	马伟	77	35	89	67.0	
8	计算机	001	王海	60	58	80	66.0	
9	计算机	009	杨天	45	76	76	65.7	
10	经济学	006	周春	79	55	47	60.3	
11	优秀率为：	1/3						
12								

六、PowerPoint 演示文稿

题号：19895

请在打开的窗口中进行如下操作，操作完成后，请关闭 PPT 并保存。

说明：考试文件不要另存到其他目录下或修改考试文件的名字。

文件中所需要的指定图片在考试文件夹中查找。

考试文件夹可以通过单击客户端主页面上方的考生目录路径链接进入。

打开考生文件夹下的演示文稿 yswg.pptx，按照下列要求完成对此文稿的修饰并保存。

1. 使用"穿越"主题修饰全文。

2. 在第一张幻灯片前插入版式为"标题和内容"的新幻灯片，标题为"公共交通工具逃生指南"，内容区插入 3 行 2 列表格，第 1 列的 1、2、3 行内容依次为"交通工具""地铁"和"公交车"，第 1 行第 2 列内容为"逃生方法"，将第四张幻灯片内容区的文本移到表格第 3 行第 2 列，将第五张幻灯片内容区的文本移到表格第 2 行第 2 列。表格样式为"中度样式 4-强调 2"。

在第一张幻灯片前插入版式为"标题幻灯片"的新幻灯片，主标题输入"公共交通工具逃生指南"，并设置为黑体、43 磅、红色（RGB 模式：红色 193、绿色 0、蓝色 0），副标题输入"专家建议"，并设置为楷体，27 磅。

第四张幻灯片的版式改为"两栏内容"，将第三张幻灯片的图片移入第四张幻灯片右侧内容区，标题为"缺乏安全出行基本常识"。图片动画设置为"进入""玩具风车"。

第四张幻灯片移到第二张幻灯片之前。删除第四、五、六张幻灯片。

参考文献

[1] 李瑞,宋旭东.大学计算机基础[M].2版.北京:科学出版社,2011.

[2] 刘月凡,李瑞,陈鑫影.大学计算机基础[M].3版.北京:科学出版社,2014.

[3] 戚海英,李瑞.大学计算机基础实践[M].北京:科学出版社,2012.

[4] 戚海英,李瑞.大学计算机基础实践[M].2版.北京:科学出版社,2015.

[5] 蒋加伏.计算机基础实践教程[M].北京:中国铁道出版社,2010.

图书资源支持

  感谢您一直以来对清华版图书的支持和爱护。为了配合本书的使用,本书提供配套的资源,有需求的读者请扫描下方的"书圈"微信公众号二维码,在图书专区下载,也可以拨打电话或发送电子邮件咨询。

  如果您在使用本书的过程中遇到了什么问题,或者有相关图书出版计划,也请您发邮件告诉我们,以便我们更好地为您服务。

我们的联系方式:

地 址:北京市海淀区双清路学研大厦 A 座 701

邮 编:100084

电 话:010-83470236 010-83470237

资源下载:http://www.tup.com.cn

客服邮箱:2301891038@qq.com

QQ:2301891038(请写明您的单位和姓名)

资源下载、样书申请

书 圈

扫一扫,获取最新目录

课 程 直 播

用微信扫一扫右边的二维码,即可关注清华大学出版社公众号"书圈"。